北京市社会科学院文库

社会博弈

算法世界的实践逻辑

赵璐 著

THE SOCIAL
GAME

THE PRACTICAL LOGIC OF
THE ALGORITHMIC WORLD

社会科学文献出版社
SOCIAL SCIENCES ACADEMIC PRESS (CHINA)

序 一
让算法在实践中达成社会均衡

算法是一个技术议题。如果纯粹从技术视角来观察，算法古已有之。在中国之外，算法的最早证据可以追溯到美索不达米亚的巴比伦数学，在伊拉克的巴格达附近发现了一块公元前 2500 年左右苏美尔时期的粘土板，上面就刻画有除法。巴比伦时期的天文学采用了算法程序计算重大天文事件的时间和地点。在中国，算法的最早证据可以追溯到《黄帝历》，时间大约在公元前 2700 年。那时，人们用算法拟合天体的运动规律。来自多个方面的证据都一致表明，算法在人类历史中始终存在，在近代社会也没有停止演化，且早已运用在生产和生活之中。

直到近年之前，人们对算法的探讨没有超出算法科学与技术，讨论的人群范围也基本限定在相关的科学与技术圈子。换一个说法，算法更多的是科学与技术界的事儿，没有引起社会的广泛关注。可是，近些年来，对算法的探讨不再局限于和算法科学与技术紧密相关的数学、运筹学、计算机科学、数据科学、人工智能等领域，也不再局限于与算法应用关系紧密的物理学、化学、天文学、地球科学、生物学、工程技术等其他领域；文科诸学科也在广泛地探讨算法，如算法的政治经济和社会影响，且在政商学等社会各界引起了广泛关注。在文科领域，从哲学到教育学，几乎每一个学科都有对算法的讨论。

文科对算法的讨论通常集中于算法带来的影响，以及对算法的治理。

哲学和伦理学关注算法的道德和伦理，算法产出的公正性、隐私权和数据伦理，包括以算法为基底的人工智能是否具有道德责任和自主性等。文化研究重视算法对音乐、电影、文学等文化活动的影响，以及对文化产业、文化创作和文化消费的影响，包括算法如何影响文化生产与接受的多样性。媒介研究聚焦算法对内容生成、信息获取、个性化推荐和广告的影响，以及算法在媒体行业的权力和控制机制。传播研究关注算法对新闻报道、社交媒体和信息传播的影响，以及对信息过滤、推荐系统、舆论形成和意见表达的影响。教育学研究偏重算法对教学评估、个性化学习和教育决策的影响，以及算法如何塑造学习环境和学习评价标准。法学研究算法对法律决策、司法判决和法律监管的影响，以及算法对法律和隐私的挑战。经济学探讨算法对市场效率、个性化定价、广告市场、消费者行为与选择、经济决策、劳动力市场、市场竞争和创新的影响。政治学则探析算法对选民行为与政治参与、政治沟通、政府决策与治理、数字权力与控制，以及政治网络和政治联盟的影响。社会学同样也关注算法的影响，更多留意的是算法对社会结构、社会互动和社会关系的影响，还注意算法如何塑造社交网络、影响信息传播、引发社会不平等以及影响决策过程等。人文科学和其他社会科学对算法影响的关注也在不断拓展，以至于文科领域的每个学科都在关注算法的影响。

算法对政治、经济、社会的广泛且深入的影响也引发了人们对算法治理的讨论。当然，讨论治理的主要是文科。综合各学科对算法治理的探讨，可以发现，焦点汇聚于算法带来的三个后果。第一，算法侵害。人们认为，算法已经在现实生产和生活中带来了算法歧视、算法偏见、算法垄断、算法遮蔽、算法霸权、算法操纵、算法剥削等与算法关联的社会、经济甚至政治侵害，给人类社会生活带来了负面影响。第二，算法风险。人们认为，在个体层次，算法强化信息茧房，带来人的认知窄化风险。在市场层次，算法遵循商业逻辑，酝酿着监控资本主义的风险。在国家层次，算法隐藏着被特定利益集团用于社会控制和政治权力再生产的政治风险。从个体层次到国家层次的风险给人类社会的政治、经济、社会生活带来巨大的不确定性。第三，算法权力。人们认为算法权力和算法规则触发权力竞争和规则竞争，甚至权力垄断和规则垄断。越来越清楚的是算法正在从人类手里获得决策权，在越来越多的领域或行动中成为人类的代理人。不仅在日常生活中代理个体，还在组织行动中代理组织或机构，包括进入政治生活领域，直接触碰政治权力。非常值得玩味的是，文科各学科包括政治学探讨的虽然是算法治理，采用的依据却是算法带来的影响。

如前所述，和其他文科学科一样，社会学也关注算法。不过，社会学对算法的关注，最早可以追溯到科尔曼（James S. Coleman）。一方面，社会学的确关注算法给社会带来的影响，如伯勒尔（Jenna Burrell）研究算法对劳动和就业的影响，内尔姆斯（Taylor Nelms）研究算法评分对金融包容性和排斥性的影响，博伊德（Danah Boyd）、尤班克斯（Virginia Eubanks）等探讨算法偏见，图费克奇（Zeynep Tufekci）讨论算法监视，塔尔顿·吉莱斯皮（Tarleton Gillespie）分析算法审查，等等。另一方面，社会学也运用算法为知识创新和积累赋能。科尔曼在1964年出版的《数学社会学导论》中就应用了数学模型分析社会现象，并探讨如何使用算法来预测和解释社会行为。怀特（Harrison C. White）不仅注意到了社会整体性的网络特征，还创新性地运用数学建模拟合人类的社会网络关系。遗憾的是，对算法探索的离散性使得社会学对算法的运用始终处在尝试阶段，至今也没有形成具有广泛影响力的示范。

在社会学对算法的关注中，《社会博弈：算法世界的实践逻辑》（以下简称《实践逻辑》）则给人们带来了一份惊喜。《实践逻辑》没有沿袭文科对算法探讨的既有范畴，没有继续把算法作为自变量，探索算法对社会的影响或运用算法为文科的知识生产赋能，而是把算法作为因变量，另辟路径，研究算法的社会实践。

在对算法的研究中，当然，也有把算法作为自变量的。如数学和统计学等研究算法建模，运筹学和计算机科学研究算法优化，人工智能研究算法工程及其优化等。可是，社会学不是数学、人工智能，也不具有将算法科学与技术作为研究对象的能力，社会学不可能探讨算法建模、算法选代、算法效率等算法科学与技术议题。

文科将算法作为自变量，在脉络上可以被认为是承接了社会学技术研究的一个传统。在社会学的技术研究中，技术也被作为自变量、因变量，且与社会互为自变量和因变量。在将技术作为自变量的研究中，学者们关注的是技术的社会影响，以及产生影响的社会机制，即技术扩散的社会机制，技术决定论是主要理论。在将技术与社会相互作为自变量和因变量的研究中，研究者们关注的是影响技术形塑的社会因素以及社会变迁的技术因素，技术与社会相互建构是主要理论，进一步还被发展为技术与社会相互对话理论。在将技术作为因变量的研究中，人们探讨的是社会对技术的影响，以及在技术创新阶段，社会因素对技术发展的影响机制，社会建构论是主要理论。

初看起来，《实践逻辑》不过是社会建构论在数字时代的延展而已。事实上，却并不然。在比克尔（Wiebe E. Bijker）等人的社会建构论中，一项技术产品的社会形态是在市场迭代中确认的。即使后来拉图尔（Bruno Latour）试图从产品回溯到技术创新过程，希冀在技术创新过程中发现社会建构的机制，也只是补充了社会因素建构技术的环节，而不曾在同一项技术与社会的关系中探索社会建构技术的机制与过程。简单地捋一下，在社会建构论的理论与实证探讨中，社会对技术的建构是从产品蕴含的技术开始的，而不是直接从技术开始的。一个典型的比克尔式的逻辑是，企业通过产品的市场表现来发现产品的技术瑕疵或社会对技术的选择，然后，将对技术的改进意见反馈到技术部门，技术部门通过技术创新进行产品改进，并将改进的产品再次投放到市场，将市场作为社会的代理变量，讨论技术的社会建构。拉图尔的贡献在于，从技术创新的源头发现社会因素的影响。不过，他纳入的是内化为科学家和技术人员创意的社会影响。在拉图尔那里，技术是人创造的，人是社会的一部分而不是全部。人把获得的社会影响转化为技术创新或技术改进，这意味着影响创新者的社会因素对技术创新产生了影响。可是，影响科学家和技术人员的社会因素除了泛化的"社会"因素之外，更多的是科学家和技术人员的圈子，社会因素是通过这个圈子影响创新的。因此，塑造技术的社会力量只是科学家和技术人员的人际关系网络，而不是人们通常理解的社会。

《实践逻辑》则把人们通常理解的影响一项技术的社会因素直接纳入了讨论。这得益于算法作为一项技术的社会性。对算法技术社会特征的理解，可以放在与传统技术的比较中。以比克尔式的技术为例，在传统社会建构论中，自行车原本可以有非常多不同的式样，人们见到的式样不过是社会选择迭代的后果。可是，社会对式样的选择是通过购买行为来表达的，至于哪个式样受欢迎，是否还有更受欢迎的式样，只能通过市场销售数据来验证与试错。由此，我们发现，第一，传统技术与社会因素的关系是间接的。技术的创新与改进不只是有消费者的选择、市场销售部门的过滤，还有技术人员的吸纳。最终，还剩下多少社会因素影响技术的选择，不得而知。第二，传统技术与社会因素的关系具有延时性。从技术变成产品，从产品反馈变成技术改进，都需要时间，而且是很长的时间。延时性对技术形塑的影响是复杂的，这里暂不讨论。然而，算法技术与社会因素的关系是直接的和及时的。算法的社会化应用让技术关涉的利益相关者不再只是企业与消费者，而是与算法关联的每一方。在《实践逻辑》讨论的信息分发算法中，有平台企业、第三方广告主、技术监管部门、内容生产者、内容消费者等主要利益相关方，他们不再必须经过中间环节感受到算法对自我利益的影响，而是算法直接影响到每一方的利益与感受。

如果我们希望比较中获得一点归纳性的体会，从《实践逻辑》的主题出发，那就是，与技术相关的主体从时序性多主体变成了实时性多主体。比克尔式的社会建构是一个时序性多主体参与的建构，在每一个环节中，主体之间是不见面的，也不需要直接互动。可是，信息分发平台的算法则不同，利益相关的各方同时面对算法技术，是通过平台直接互动的。或许，正是在这个意义上将如此互动理解为博弈是准确的。不揣冒昧，我以为，在研究领域拓展和理论推进的意义上，《实践逻辑》的贡献在于其抓住了一个新的、不曾被讨论过的技术与社会关系场景，还恰当地抓住了这一场景的本质特征。那就是，用一个合作的视角探索实时发生的、真实社会实践的社会因素与算法技术在信息分发平台上的互动特质：社会博弈。

当我们把观察多主体之间实时互动的视角转向博弈，事情就变得有些复杂了。总体上，博弈是一个均衡达成过程，可以是一个市场过程，也可以是一个社会过程，还可以是一个市场与社会的过程。任何博弈，只要有结果，就一定有均衡。《实践逻辑》中的算法每时每刻都在运行，都在向内容生产者、内容消费者以及其他利益相关者提供服务，这其中当然有均衡。问题就在于，是一个市场均衡还是一个社会均衡，甚或只是一个技术均衡、混合均衡。《实践逻辑》试图告诉我们的是，在技术与社会关系的意义上，在技术的社会建构中，存在一个社会均衡。我想，这大概是作者用"社会博弈"试图表达的含义。

如果说市场均衡是理想类型的各自收益最大化的达成过程，即均衡是建立在参与博弈的各方都不再有改变出价意愿的基础上的过程，那么，社会均衡的难题在于，参与博弈的各方并不直接拥有一般等价物，进而，难以计算收益和出价的依据。不仅如此，社会均衡还取决于参与各方的筹码对其他各方的价值，即筹码等价性。换句话说，参与各方的社会经济地位直接影响各自因筹码等价性差异而导致的博弈机会差异。或许正因为如此，我更愿意把《实践逻辑》当作一部但开风气之作，为后续的研究留下了大量的可以努力的机会和空间。

一项具有整体性影响的技术，如算法，在我看来，已经不再只具有技术性，而是已经具有了社会性和公共性。在奇点到来之前，技术依然是提升效率的工具，是改善人类福祉的工具。当一项技术只是影响部分行业产业之时，我们希望在行业产业之间形成竞争，通过竞争在不同部分的社会之间达成均衡，促进社会均衡发展；这意味着在不同技术对社会的影响之间达成均衡，也意味着可以通过社会因素对技术的影响在技术带来的社会影响之间达成均衡。可是，当技术影响不只是行业产业而是整个社会时，便失去了通过部分之间的竞争达成社会均衡的条件，而只能在技术自身寻求社会均衡达成的契机。我始终主张将社会价值带进技术创新与应用之中，这里，我还希望重复这样的主张。那就是，让技术在赋能参与博弈各方的同时，把社会的基本价值主张如平等与普惠带入产品的研发与应用中。当然，学术界更应该为社会各方参与社会均衡的达成提供知识养分和实践框架。

邱泽奇

北京大学博雅特聘教授

中国社会与发展研究中心主任

数字治理研究中心主任

教育部长江学者特聘教授

序　二

　　赵璐的博士论文即将付梓，邀我写一些文字，作为序言。欣然答允。这篇论文是她在 K 平台承担实习工作的基础上写成的，属于小半个"内部人"的一次社会性探秘，也很符合北京大学社会学系鼓励大家多做田野调查和参与式观察的方法立场，我本人是支持并有所期待的。这个期待是多重的：首先，可以试想，她必然要经历一场自身的认知革命，开启一场真正的学习型探索，才能去稍稍把握一个在技术和行业领域都处于领先地位的当代理性法人行动者的真正运行机制和态度立场，而这样的法人行动者在未来的社会运行和社会理想建构中，必然是要扮演关键角色的；其次，我也可以试想，在她与作为"准同事"的企业管理层员工，或更多地，在她跟作为研究对象的系统和软件工程师们打交道的过程中，她的社会科学的探究企图，也许会跟前者的市场导向或结果导向的关注焦点（以 KPI 和企业公共形象效用为指针），以及后者的自然科学的或工程学的逻辑（以算法所隐含的理性强制力来约束和架构相关行动者的选择）相互碰撞，而这种碰撞，对她形成关于一个特定算法体系（及其实践）的不偏不倚看法总是有所助益的。K 平台很显然是一个带有自己社会立场的法人行动者，不仅仅是一个单纯的经济行动者，它的企业文化也必然会潜移默化地渗透在每一位员工的思想、认识和判断之中，并影响他们设计、架构和运行一整套理性主义算法的工作实践。围绕着诸如此类的大型平台，社会科学究竟可以有何种感慨呢？

在这个简单的序文中，我希望能约略阐述一下本人对一个即将到来的"算法社会"的一点思考和回应。

迎接算法社会的到来

社会科学关于社会变迁的一个基本态度，就是不断生成用于描述形成中的社会形态的新术语：比如文凭社会，或自动化社会之类的称呼。算法社会只不过是最新系列当中的一个而已，主要是强调算法将对未来的社会地位和社会利益分配产生重大的影响，或者说，我们的每一个重要的制度化活动领域，都将受到算法的决定性影响，比如婚恋网站的速配机制对亲密关系建构的影响。

从根本上看，算法是一整套用特定符码所表征的指令，这些指令自动地对现象和状态做出分类，并沿着预先设定的关于顺序和条件的约定给出各种各样的"地位"，这些"数理上的地位"将在行为和福利层面生产出不同的"待遇"，并最终影响或改变终端行动者的动机、体验和判断，甚至包括是否继续援用算法所要实现的人类功能需要这样的战略选择。这是本人关于算法的一个最基本的人类学认识，在这个看法中，算法大致表现出如下三个特点，首先是"特定逻辑的媒介表征"，也即算法要通过可沟通的语言传达特定逻辑；其次是算法的撰写者（或撰写者背后的决策者或决策团体）事实上在一定程度上掌握了分类、定义和福利状态的分配权；最后则是终端行动者的调适能力和调适的可能性。这三个特点分别对应了算法研究的三个关注焦点：①作为理性体系代理人的算法工程师们如何发现并提供更多可用于处理非结构性数据的逻辑范型；②作为最接近和最理解算法所要处理的社会实践——无论是媒介内容分发，还是跨越物理距离递送真实物品，抑或是服务租约的高效率匹配——的业务团队如何通过改变分类、定义及其与结果之间的对应关系从而调控组织的利润绩效或公共关系形象；③嵌入在一个日益由算法来决定服务和货品之分配的现代社会中的普通社会行动者，他们作为消费者和各类平台的使用者是如何理解或包容算法的，又是如何维护自己的权益，并集体地防止算法作恶的。接下来，我就沿着这三条线索，再做简要的展开。

算法作为理性体系

作为社会科学工作者，我们很可能无法对第一个关注焦点有所影响，因为我们现有的训练对于理解算法技术很可能是不充分的。但是，从技术哲学的角度出发，我们对算法社会的到来可以做一个很重要的回应，那就是对理性体系的终极发展的哲学式警醒。社会学是一直怀有此类警惕的学科，从古典理论家马克斯·韦伯的"理性铁笼"（the iron cage of rationality）的概念，到他的理论追随者乔治·瑞泽尔对"麦当劳化的社会"（the McDonaldization of society）的批评，都可以看到学者们对极端理性化背后所隐含的关于自然状态、自发性和自由选择之退化和丧失的一种悲慨情绪。在人工智能、云计算、物联网、全网连接的传感器体系等技术应用想象日益成为现实的当代，我们很难不在伦理学的意义上，提出关于技术控制和技术宰制的合理担忧，正如奥威尔在《1984》当中所描述的那样。在很多当代文学和艺术作品中，对一个"一般性 AI"操控全世界运行并最终导致地球（人类社会）毁灭的担心，构成了技术悲观主义对技术乐观主义的一个主要伦理学约束，而这，恰恰是一个均衡发展的社会所必需的。

算法和社会责任

赵璐和我曾经合作过一篇学术论文，发表在《社会学评论》之上，是对外卖骑手的职业生活的一个简单观察。外卖骑手横跨了多个社会系统，最显著的当然首先是由平台算法及其规则细节所构成的技术规范系统；其次，则是他们的职业生活所嵌入的当代城市社会及其细分的多元空间系统，尤其是其中映射了不平等权力关系的那一些，如封闭社区对交通通行权的控制、顾客投诉的强制裁性和为了省钱总是寄居于低于标准的居所（sub-standardized sheltering）等；最后，则是他们虽然远离但仍然魂牵梦萦的家乡及其附属的情感和伦理系统。在第三个系统的含义上，我们提出了"男性责任劳动"的概念，把外卖骑手的职业生活，跟一个利他主义的男性工作者的形象结合起来：提升了的劳动强度和劳动节奏，产出的是为家人提供更好生活保障的内在激励；因此，一般而言，中国的城市化进程，以及特定而言，一个"以促进福利为目的的技术总体性"（a totality of wellbeing-promoting tech-system），必然是与相关行动者的伦理体系或伦理偏好不可分割的。正是在这样的伦理和情感的基础上，我们才会看到，返乡青年在为家乡生计的现代化做出不懈的努力（不管是以乡村电商的形式，还是以网红直播的形式，抑或是以现代民宿的形式）。与此同时，我们也看到了诸如建筑业民工、制造业打工妹和外卖骑手之类的利他主义责任劳动者的一波波存在，而正是他们通过自己的努力，在城乡之间建立起了有机的联系，并维系着城乡间持续不断的文化和经济交换。我想，当我们把算法和责任伦理联系起来看的时候，也许我们更多的是在对技术体系提出要求，要求技术体系的目标与人类目标更加具有一致性，且能够促进更大程度上的人类可能性。

算法和自由公民的行动能力

这个序文的最后一个议题，就是想要讨论互联网时代的网络公民，能否有一些可行的途径达成自主性，也即独立于以算法为基础的技术系统的可能性和可选择性。但是，现有的讯号是消极的——"信息茧房效应"实际上提示了一个相反的可能性，那就是推送时代的信息消费，其内容域实际上经历了一个时间过程上的自我内陷，因为每一次点击都非常有可能是在日益缩小的选择界面上关于个体旨趣的再一次"虚假的"自我证实。因此，对于我们这些关注互联网社会现象的学者来说，总是有一些基本问题在呼唤更有力量的解释：比如说，互联网时代，社会影响是以何种方式达成的？他人意见所拥有的社会重要性，其理论基础是什么？互联网地位赋予的效应是在整个人群中相对开放的，还是相对封闭于特定的社会结构圈层？最后，就政府部门及其动机体系而言，他们能否最终扮演好在

"市场—社会—治理"这个三位一体实践系统中的守门人角色？

看起来，这个序文能够回答的问题，可能比它想要回答的问题要少得多。不过没关系，人类作为有意识的社会行动者，总是在留下一些印记，这些印记随着时间的流逝慢慢变成了文化的一部分。知识考古学的价值，就在于在未来的某一个时刻，我们现在的情绪也变成了后人嗟叹的原材料，就像我们现在欣赏著名书法家留下的书帖和碑文时所表现的一样。书写者总是值得敬仰的！

刘　能

北京大学社会学系教授

2023 月 5 月 16 日于北京大学燕东园寓所

自　序

　　本书采用人本主义社会学最为常见的一种研究视角，将互联网时代短视频行业中决定视觉呈现结果的算法看作一种实践逻辑，将算法实践纳入技术—组织—个人的研究框架下，强调算法实践的社会情境性和社会嵌入性，并重点关注渗透在其中的人类主观能动性，最终展示各类社会行动者在与算法实践互动的过程中，如何持续、动态地参与算法实践之社会建构的一幅幅场景。

　　通过 K 平台公司的算法实践进行剖析，将算法实践定义为旨在提供促进或限制内容可见性而一步一步实现的编码过程，本书试图回答如下理论问题：算法实践下的内容识别、分类和排序，如何最终决定什么内容应该是可见的，什么内容是不可见的？它们分别对谁可见？算法实践如何展现不同社会主体对内容可见性的建构过程？

　　本研究的总体思路是：理解算法及其社会运行，不能只限于技术意义上的"技术系统"，而应将其看作社会行动者之间展开的一场互动意味十足的沟通、交锋和动机交换的社会过程；同时，参与算法实践的社会主体是多元的，不能只限于算法设计、应用过程中的算法工程师。内容生产者（数据提供者）、内容分发者（平台公司）、利益相关者（以广告商为代表）、内容监管者（以政府监管部门为代表）、内容消费者（普通观看用户），以及一般的互联网社会舆论的参与者，共同参与了算法实践过程。算法实践成为持续性的"社会博弈"和"社会实验"过程。

具体来看：平台公司作为算法实践的技术操作者，通过产品价值观导向，为算法实践的工具理性逻辑（具体表现为对效率匹配的关注）注入了价值主张，由此，它所主导的算法实践所表征的"普惠"流量分配机制，不仅促进了内容生产与消费的价值转换，也塑造了"普通人生活"的内容可见性。

同样，作为利益相关者的广告商也主动参与了算法实践的建构过程。它们与平台公司的商业模式不谋而合，通过算法实践分配了用户的注意力，与平台公司共同完成商业利益的内容转化。作为内容监管者的各类政治行动者，则主要通过主流媒体和其他治理场合或治理情境，对行业算法实践的"合法性"进行了公开训诫：在"微观政治"的技术治理逻辑下，它们对算法实践的内容可见性不断实施规训，进行政治性权力的干预。作为内容生产者，看起来弱小并分散，但它们的主体性也不容忽视：凭借对算法实践的差异化知识结构，它们也不断驯化算法实践，规划自身的内容可见性，并形成了以算法规则为中心的内容生产网络。最后，作为更具弥散性的内容消费者，则是通过对算法实践的意义建构与主观想象等方式，持续地对内容的（不）可见性进行策略维系。

本书认为，K平台的算法实践提供了一个整体社会性力量动态博弈的场域；围绕算法之社会运行的全部社会事实，都变成了一幕幕平衡不同角色和利益的博弈性实践的一部分。换句话说，互联网时代短视频行业的算法实践，实际上经历了上述不同参与主体的利益磋商、动机交换和规范化的过程：算法实践不仅是工具理性逻辑下内容分发的引擎，也成为协调多边关系的技术中介，承担着平台上不同角色之权力—利益分配与平衡的功能。

因此，算法实践的能力可能与技术上用何种算法无关，以怎样的方式参与算法实践、表达何种力量则显得更重要，这种参与建构的力量可能以"计算"的指令行使权力，也可能表现为对算法实践提出要求或者进行规制。可以说，不同的力量汇聚在算法实践的过程中，影响着算法实践如何被不断生产与再生产。

　　最后，本书将算法实践看作社会行动者共同参与的一个不断被规制、驯化的循环过程的同时，其实它也是一个关于文化、关于政治、关于伦理甚至关于想象的社会性过程。这意味着，谈论算法时，我们关切的不仅是各类社会行动者如何以及何时参与开发和维护算法逻辑的问题，还包括有关治理、数据归谁所有以及数据用于什么目的等问题。希望能通过本书的微观调查与实证分析，更好地了解算法和计算是如何更广泛地影响社会生活以及信息的生产和消费的。

目　录

第一章 绪论

一 从信息分发平台的算法逻辑说起

想象一下，当我们拿起手机，打开任意一款 App，购物、听音乐、订购机票、看新闻、刷短视频等一系列日常活动，都意味着我们要在互联网上生活。当我们在互联网上，每一次登录、信息注册，任意一次点击、浏览、发表评论、转发、写下关键词等一系列动作，都会被作为数据储存在 App 后台。我们会发现，人们在网上所做的行为都会像记忆一样被保存下来。而当我们下一次行动的时候，就会有相似的内容再次出现：点击了一则消息，页面立即会提醒"你可能喜欢……"；下单了一款产品，页面会呈现"更多相似推荐"；浏览新闻时，下一次打开的新闻也"似曾相识"。如果我们和家人、朋友使用同一款 App 下单购物时，页面呈现的商品是不同的：男性的话，可能会推荐电脑、剃须刀，女性的话则会推荐化妆品、时装。我们浏览同一个新闻或视频 App，页面呈现的信息流也许完全不同；当我们看一个视频，手一滑，下一个，再下一个，不知不觉沉浸其中时，穿插在信息流里的广告被我们有意无意间当作信息内容消费掉了；当我们不知道发布了什么敏感信息时，也许瞬间就被 404 了……

这样的场景在互联网世界里时时刻刻都有出现。我们进入了"数据

001

驱动的社会"（福田雅树等，2020；舒晓灵、陈晶晶，2017）。可以说，我们的生活是在与各种人机交互界面（手机应用软件最为典型）的互动之中展开的：我们应该看什么样的信息，应该消费哪些产品，应该把时间注意力放到何处，这些似乎是我们自己决定的，又似乎不是我们自己决定的。当我们开始思考"这些都是我想要的吗？""谁在决策信息的呈现？""为什么会给我推荐这个？""为什么我点击了这个，下次还会有相关的信息出现？""为什么我收到的信息和别人收到的不一样？""为什么我在这个 App 买过的商品，又在另一个 App 中出现了广告？"，我们的数字生活已经被一套套算法逻辑所影响和塑造。

（一）什么是算法？

随着大数据、云计算、人工智能等信息科技的迅速发展，算法日益成为社会经济发展和公共治理的重要支点，也成为数字社会的技术核心（邱泽奇，2021）。算法，从广义上讲，是解决问题的方法和步骤；而从狭义上讲，随着计算机信息技术的发展，算法逐渐成为"运行代码的程序逻辑"（Napoli，2013），或是作为定义好的步骤，用于处理指令/数据以产生输出，成为机器学习解决问题的方法与步骤（Kitchin，2016）。当大数据、人工智能技术进一步提高了算法的性能，机器学习算法已经基于大数据集进行自我学习形成规则集并应用于不同场景下的感知和决策（贾开，2019）。

当然，当本书讨论算法（algorithm）时，从语义学含义来说实际上讨论的却是算法在技术意义上的应用（或实践）：数字设备和以软件为动力的网络系统都是由数字技术的算法组成的，并被算法所调节、生产和管理（Greenfield，2006；Kitchin & Dodge，2011；Steiner，2013；Manovich，2013），最终成为所谓的"算法机器"（Gillespie，2014）。算法实践持续塑造着人们在娱乐、消费、工作、旅行、通信、家务、安全等领域的生产与生活体验：较为成熟的算法包括用于执行搜索任务的搜索引擎算法，用于安全交换的加密算法，用于电子商务、社交媒体的推荐算法，还有用于模式识别、数据压缩、自动校正、导航、预测、分析、模拟和优化的算法等（MacCormick，2013）。

（二）社会学重新审视"算法"的两重性

总的来看，算法具有两重性：一方面，算法具有技术性，算法的操作离不开数据支撑，需要其所在技术系统不同技术元素紧密配合（平台、硬件、软件基础设施等）；另一方面，算法同样具有社会性，需要有人工规则、策略去设计、定义和评估，涉及生产与消费、使用的社会过程（Willson，2017）。所以，算法作为技术—社会实践过程，成为人与代码结合的运行规则，我们不能忽视人类在其中发挥的主观能动性。已有研究也表明，算法实践具有价值取向，其商业化运用会受到资本力量的推动，其构建的过程也会受到权力和知识等制度化活动领域的影响（Kitchin，2016）。具体来说，现实中屡见不鲜的"大数据杀熟""算法歧视"等现象，就是算法实践决定和影响我们日常生活的一个表现。

所以，算法不应该只在计算机科学领域成为研究议题，算法也应该是一个重要的社会议题。因此，本书最初的关注点便是：从社会科学的角度重新审视算法究竟是"什么"，算法究竟是"做"什么的，怎么"做"的，以及它们做什么所必需的"构成条件"是什么？算法是"如何"作为情境实践的一部分的，它们是如何在社会环境下"运作"的？我们如何才能在不将其只归结为算法工程师的编码技术活动的前提下，对算法进行富有成效和批判性的研究？想要回答以上一系列焦点问题，需要我们从社会科学的视角出发，去批判性地思考算法的本质，探索算法的社会性意义。

从社会学研究的学术传统来看，自默顿创立"科学—技术—社会"（STS）框架开始，对技术和社会的关系探讨陷入多学科的审视与争论之中，相比于自然辩证法对技术的探讨，社会学的主流研究更侧重关注社会结构、社会关系和社会行动有关的议题，有针对性地对技术展开分析的并不多见（邱泽奇，2017；夏保华，2015；李三虎，2015）。因为在社会学经典理论家们的思想脉络与理论传统中，其更多地将技术作为社会构成要素，比如马克思主义研究传统会探讨技术对推动工业生产力的作用，关切技术被政治渗透之后是否会加剧社会的不平等（马克思，1975）；韦伯主义研究传统对技术的态度，则是更多关注其对社会的理性化程度的影响（韦伯，2010）；而涂尔干的理论思想，可能会更关注技术对社会团结的作用程度（涂尔干，2000）；等等。于是，很长一段时间内，技术往往成为研究者讨论社会学经验研究中主要议题（如社会分层流动、社会关系网络、劳资关系等）的"背景"或限定因素；更常见的是，经验研究者往往更重视技术的逻辑、新特征对社会秩序、社会关系转变发挥的不可忽视的作用，但是对技术本身的理解与分析却十分有限。

这样的思维定式也深深影响着笔者的研究取向：博士期间，笔者曾做过平台公司对外卖骑手劳动过程控制的研究，本着劳动社会学的理论脉络探讨数字化时代劳资关系的变化（赵璐、刘能，2018）。在研究展开的具体讨论中，我们已经将资本控制劳动力的方式指向新的技术系统，但在分析时常常感到困惑，将技术系统完全转译为管理方式的工具是否合适？当学界和媒体报道骑手困于"系统"[①] 中时，"系统"究竟是如何运作的？它们真的只能沦为资本逐利的效率工具吗？于是笔者的研究取向开始发生转移，试图探索平台公司隐匿在背后的技术——人工智能技术。准确地说，是以大数据分析、机器学习（深度学习）算法为核心的技术程序/系统。

已有的社会学经验研究已经在传统生产技术、信息化技术应用与社会变迁等议题探讨中做出了相当多的努力与尝试（张茂元、邱泽奇，2009；邱泽奇，2018，2019）。将技术探讨从技术决定论逐渐纳入"应用"的社会情境论中，观测技术在引进组织、部门之间应用过程中的组织结构变迁，其所引发的组织文化的变迁（任敏，2012），传统技术协调整合（张

---

① 《外卖骑手，困在系统里》，发表于《人物》杂志（https://mp.weixin.qq.com/s/Mes1RqIOdp48CMw4p XTwXw）。

茂元，2007)，技术应用对农村产业化的影响机制与社会秩序重塑（张樾沁，2018）等。我们能看到在人类发展的历史进程中，技术无论是在农业社会还是在工业社会中都扮演了至关重要的角色，尤其是人类进入网络社会（卡斯特，2001）后，信息化技术的应用使得生产和生活的边界越来越模糊。

面对大数据、人工智能技术的时代，需要重新审视技术，探寻和关切数字技术如何以特定的方式构建了怎样的社会，甚至是怎样重塑了人类生命有机体的意义。我们会发现技术与社会的关系更为紧密，技术—人—组织的关系多重复杂又呈现巨大张力。

人工智能技术设计、应用的社会情境中会纳入多层次行动者，不仅仅是技术的开发者、组织内外的应用者，组织与社会环境等诸多因素也会形成多层次的"关系组合"机制。比如，人工智能技术需要依赖人类的数据痕迹（数据"输入"），依靠机器学习算法学习人类的规则（数据"计算"），持续输出预测、判断（数据"输出"），不断循环往复训练机器，形成类似人类的认知与推理能力的智能机器（AI）。这里面涉及数据收集的权限、算法规则的体系构建、新数据的不断输入和输出，意味着技术实践会卷入不同层次的行动者，谁是数据生产者、谁是数据拥有者、谁是算法操控者，谁又是数据接收者？技术与社会的关系紧密性在于，技术的设计、应用、重新设计不再是线性发展，而是持续性的循环，甚至是动态、实时性地发生变化。对技术的理解也不能只针对静态的技术制品，更需要放在技术—组织—个人—环境持续的社会互动中。

所以，社会学需要面向数字化时代重新探讨技术议题，尤其是需要对技术做展开性分析的经验积累，因为技术要素、技术过程、技术的层级结构都是不可缺少的关键分析变量（Arthur，2009），组织的形态与属性都与其支撑的技术系统密切相连，并影响组织内外成员的态度和行为特征（Trist &Bamforth，1951）。于是，本书希望在人工智能技术设计、应用的过程中，切入最核心的技术要素：算法，因而得以从社会学的角度探寻一个实证研究的路径，展开对算法实践过程的剖析，并回答如下研究问题：

算法实践是如何开展的？哪些社会行动主体参与到算法实践和算法建构过程中？参与算法实践和算法建构的逻辑、策略及影响机制是什么？算法实践这一社会建构过程重组了怎样的信息传播秩序？并在初步回答上述问题的基础上，重新思考技术、权力、资本、人类需求的关系本质是什么，不断理解技术的内涵与社会意义。

（三）信息分发平台的算法实践

正如 AIphaGo 是人工智能技术在围棋领域的应用一样，人工智能的算法在互联网各大搜索引擎、新闻、音乐、电商、短视频等信息消费领域应用甚广，成为预测分析内容相关性、帮助用户快速获取信息的途径，逐渐获得社会大众的广泛认可（Steiner，2013；Anderson，2011；Latzer，2015；Gillespie，2014；Pasquale，2015）。可以说，开展机器学习算法实践的网络信息分发平台进入人们日常生活的时间更早，也意味着消费领域（toC 端）的大数据积累更为完善，人工智能技术也更为成熟。尤其是以今日头条、D 平台与 K 平台为代表的信息分发平台，更是利用个性化推荐算法成为国内人工智能在信息分发领域的国民级应用（App）；同时，信息分发平台[①]的算法实践涉及内容分发的不同环节（辅助创作、审核、分发、推荐），算法实践的场景更为多元，与社会行动主体互动的场域也更为复杂。

本书经过对 K 平台公司这一信息分发平台开展的算法实践进行案例研究，再次揭示并证明数字化时代的机器学习算法实践与平台组织交织融合，呈现一个复杂、动态且协同演化的过程：平台作为信息分发的核心节

---

① 首先，本书研究的算法，特指机器学习算法（深度学习），依赖历史数据积累进行学习。信息分发平台是开展机器学习算法实践进展相对比较充分的领域，与金融领域（比如股票预测、银行预防欺诈等业务场景）相比，应用场景更为多元。其次，人工智能技术应用的算法细分领域有所差别，例如，配送系统（骑手调度系统）实质是运筹优化领域，不完全属于机器学习领域，其所开展的算法实践类型有所不同。本书不与这一类算法实践做对比研究。

点，也作为技术文化建构的基础设施①（Gillespie，2010），在持续进行算法实践的过程中将不同市场主体（所有权公司、广告商、电商等）联系起来，也将劳动者、消费者、政府监管部门纳入与技术系统的互动当中，共同参与了信息秩序的建构。

这是一种怎样的技术能力，能在海量信息中重新组织，进行分类、排序并将其呈现在我们面前？我们至少能确信，算法在商业平台公司的利用下对信息进行分发，向用户提供最相关、最喜欢、最有趣、最热门的商品、书籍、电影等，让用户能在其平台持久地观看、购买、消费。但是这种算法实践逻辑是谁的逻辑？如果从算法（模型）的设计和应用的过程来看，一定是人类主观能动性的产物，体现设计与开发者的目的与利益。或者说，算法考虑的是公司的还是用户的利益与需求？又或者说，谁才是最大的受益者？

各类平台公司起初都会宣称自身作为平台只是中介角色，面对信息过载的互联网，需要有一套效率机制主导的智能信息过滤方式（技术）帮助用户高效分发信息（获得交流、互动或者销售的机会等）、快速获取所需的信息，所以算法根据"你喜欢什么，就会精准推送什么"，算法的作用就是帮助用户在数字世界中找到自己想要的生活。算法所在的技术系统只是承担这种"连接"的功能。这么看，算法实践的逻辑应该是用户自身需求的逻辑。

那平台公司为什么要开展算法实践呢？平台公司的出发点是提高用户黏性，获取更多用户的注意力并获得盈利，而算法是更有利于获取用户更多时间的手段。所以，从商业公司组织的角度出发，平台的商业逻辑一定在算法的逻辑里，任何互联网产品的本质都是商业模式，所以技术引擎——算法是实现平台的商业价值的有力抓手。

---

① 根据吉莱斯皮的观点，"平台"具有丰富的含义，既可以作为计算和架构，也是社会文化和政治意义上社会行为展现的机会，"社交媒体网站之所以成为平台，不一定是因为它们允许编写或运行代码，而是因为它们提供了交流互动或销售的机会"（Gillespie，2010）。

但是，平台公司—用户需求不可能简单地在算法推荐的逻辑下达成利益互惠的共识，算法分发机制已经产生了一系列负面影响，需要引入政府监管、社会伦理的逻辑。过去的几年里，正是算法的精准推送导致很多内容低俗化并被公众所诟病（比如低俗、标题党、擦边色情信息更容易吸引用户眼球，越多的点击，算法就会认为这是用户希望看到的，会不断推送），算法被舆论推上风口浪尖，政府监管的压力也随之到来，平台公司不可能以一个技术中立的身份对外宣称"算法塑造的是用户想要的世界"，不得不改进技术措施，比如"加入人工审核，把关算法识别、推荐内容的质量"、研发设计新的算法模型去识别内容，让内容更安全、更优质。在个性化推荐算法的运行过程中更是增添很多过滤机制，将原有算法模型的参数进行修改，对劣质内容的比重进行降权。这时候算法的运行逻辑已经有了多重的社会期待。

此时此刻，算法早已不是一个存在于技术系统的技术配置或者作为计算机程序的关键环节来理解。算法实践不仅仅是基于工具理性的效率逻辑，更具有社会性、制度性的逻辑。本研究从这样一个前提出发——算法实践是社会建构的产物：平台公司扮演中介角色，参与建构算法实践，塑造人们的信息世界，当人们与特定的平台界面互动时，也参与了算法实践的建构。所以，算法应该作为一个存在于一系列社会过程之中的对象来理解。算法不可避免地以社会期待的方式来建构，甚至是存在于社会系统中的多方力量竞争与博弈的结果。算法的存在、应用、设计、重新设计都是社会力量的产物，受到用户群体、商业、政治的议程影响。

二　理论关怀与问题意识

本书主要遵循社会学研究中的社会建构范式这一研究路径，展开对 K 平台算法实践的剖析。本节首先回顾关于"技术与社会"的社会建构论研究取向；其次，梳理社会建构范式下技术与组织的经验研究流派，论述这一研究传统对本书的启示；最后，提出本研究的分析框架和内容安排。

（一）为什么是社会建构？

社会建构论是社会学研究社会问题的三大方法论范式之一。社会建构论作为一种认识论和思维方式，认为人类不是静态地认识、发现外在的客体世界，而是经由认识、发现过程本身，不断构造着新的现实世界（闫志刚，2010）。正如社会建构论的先驱者伯格和卢克曼（2019），在《现实的社会建构：知识社会学纲领》一书中提出"实在是在社会互动中建构的"观点，分析主观过程与意义的客观化、社会现实是如何通过客观化（制度化与合法化）过程而得以建构的。社会建构论视角下的技术研究于 20 世纪 80 年代在西欧兴起，之后在全球范围扩展，如今成为国际科学技术研究（STS）领域的重要潮流，引导着"技术与社会"的理论与经验研究。

1. 社会建构与社会形成（形塑）

社会建构和社会形塑的概念有区分，但是在多数情况下被互换使用。技术的社会形成（Social Shaping of Technology, SST），也被译作社会塑造、社会形塑等，麦肯齐和瓦克曼用 SST 作为他们主编的论文集的标题，该文集中的文章主要探讨社会对技术的影响和塑造（Mackerzie & Wajcman, 1999）。威廉姆斯和埃吉认为，社会建构与社会形塑具有同等的意义，也有一些学者对这两个概念进行了区分（Williams & Edge, 1996）。如比克认为，社会形成只是强调技术并非遵循某种自身动力或内在理性发展，而是受社会因素的塑造，社会建构论的提法则包含了技术与社会的相互作用（Bijker, 1987）。1984 年 7 月在荷兰屯特大学（University of Twente）举行的以社会建构论为主题的研讨会和 1987 年该次会议论文集的出版，标志着社会建构论正式形成。比克认为，广义的社会建构论包括三种各具特色的分析框架：技术的社会建构（Social Construction of Technology, SCOT）、系统方法（System, SYS）、行动者—网络理论（Actor-Network Theory, ANT），狭义的社会建构论只指上面提到的第一种。

本书不对社会建构和社会形塑做严格区分，在广义的社会建构论范式下展开研究，集中关注人类与技术互动过程，重视开发、使用和改变技术的人类社会行动影响，但是不能将技术单纯地理解为物理客体，将技术理解为人类行动者互动的产物，其具有内在社会性。

2. 社会建构论范式下的技术与组织

在社会建构论范式下，技术与组织关系的研究成果颇丰，内部基本分为三种研究流派。

（1）情境—策略选择论

第一流派关注特定技术如何通过行动者的社会互动和政治选择被建构出来，研究重点关注决策者和使用者的具体情境和策略如何影响技术方式（Child，1972；Davis & Taylor，1986；Kling &Iacono，1984；Markus，1983；Perrow，1983；Trist et al.，1963；Zuboff，1988）。尤其是朱伯夫（Zuboff，1988）围绕信息技术的探讨，揭示技术可以使工作"自动化"设计，对工作人员也具有不同含义（控制/去技能化或者授权和提高技能）。这类研究取向关注到技术的设计、使用中依赖能动者的能力，但是也忽视了组织外部的社会经济力量，缺乏组织外部环境制度属性的探讨，组织的制度属性又涉及组织外部主体力量的影响因素。

（2）相关利益群体论

第二流派重点关注特定技术的共享解释如何产生，关注技术开发设计过程中的互动关系与相关利益群体。以比克为代表的早期研究生产技术的学者（Bijker，1987；Bijker，Hughes & Pinch，1987；Collins，1987；Wynne，1998）和研究信息技术的学者（Boland & Day，1982；Hirschheim，Klein & Newman，1987），积累了社会建构论视角下的多项经验研究，部分研究尽管很有效地展示了技术的意义如何产生并维持，却倾向于低估技术的物质和结构方面的影响。

（3）技术的马克思主义学派

最后一个研究流派是技术的马克思主义学派，以布雷弗曼（Braverman，1974）、库利（Cooley，1980）、爱德沃兹（Edwards，1979）、诺贝尔（Noble，1984）和佩鲁（Perrolle，1986）等人为代表。这类研究注重技术设计和开发之初强势行动者的政治经济利益，但是忽略了使用技术时的社会建构过程，既人的主观能动性对技术使用的行动差异，比如布洛维对工人们使用技术的不同方式以及技术影响个人和组织行动的差异性方式缺乏关注，工人之类的行动者被看作相对无权的主体（Burawoy，1979；Powell，1987）。不是只有技术的设计者、管理者才有权塑造技术，相对无技术掌控权的行动者依然会有改变技术、解释技术和操作的方式，进而影响组织的制度属性（Burawoy，1985；Jönsson and Grönlund，1988；Perrow，1983；Wynne，1998）。因为"技术是社会建构的，所以也能被重新建构，技术可以被使用者本身改变"（Mohrman& Lawler，1984）。

无论哪种研究流派都给予本书启示：①研究组织内部的算法实践，关注不同社会行动者的主观能动性，关乎组织内也关乎组织外，更应该将设计、开发、使用过程中的社会行动主体纳入进来。②不能将算法理解为物理客体或者说人造物，承认算法应该在技术系统发挥重要作用，但是不能等同于技术系统的配置，应该作为一种实践逻辑展开研究，尤其是关注算法实践的动态性、社会情境性，这也意味着关注组织内外的制度属性。③关注算法实践的时空连续性，以往生产技术、信息化技术在设计和使用过程中存在时空上的不连续（比如，技术的开发和使用在不同组织有引进/应用买卖交易行为等），但是算法实践在设计、使用整个生命周期时刻联系着组织内部（设计者、管理者）、用户（内容生产—消费者），甚至随着组织制度环境变化进行相应的改变。所以本书认为算法实践处于一个时空连续的状态，自始至终存在着持续性的社会建构，社会建构主体拥有诠释弹性①。

（二）研究路径与分析框架

依托社会建构范式，在对已有"技术—组织"研究文献进行初步梳

---

① 指代社会行动主体在开发/使用技术时卷入技术构造过程的程度。受到技术的物理特征（软硬件）、行动者特征（经验、动机）、情境特征（社会关系、任务安排及资源分配）影响。

理的基础上，本书尝试从实践逻辑出发，将算法研究纳入"技术—组织—个人"的研究框架中，从探讨技术—组织关系的简单因果分析路径，转变为社会建构过程—机制分析路径，由此提出一个整合性的分析框架：结合影响算法实践的组织制度属性与行动者的主观能动性，分析算法实践的社会建构过程中核心行动者的认知、互动策略及其建构算法实践的影响机制。具体剖析多元社会行动者在算法实践中设计、决策、应用的时序循环建构过程，它包括算法实践的组织内外制度化过程、算法实践与技术使用者互动中的社会化过程。

在这个整合性分析框架中，包括组织制度属性—个体能动属性，权力—利益关系机制与行动者认知、策略，以及可见性博弈三组概念。三者在认识论上的逻辑呈现递进关系，其中组织制度属性—个体能动属性意在寻找算法实践之社会建构的发生基础，权力—利益关系机制与行动者认知、策略这一概念则试图阐释社会行动者参与算法实践的互动过程，而可见性博弈则是分析多元行动者参与算法实践的互动结果。

1. 组织制度属性—个体能动属性

技术在组织的开发和应用中可以同时体现组织制度属性与个体能动属性。组织自身的结构形态、内部文化、商业战略、外部环境压力维度的法律法规、市场竞争及国家正式制度安排、社会经济条件等制度性因素都可以建构技术系统并赋予其意义（芳汀，2004；斯科特、戴维斯，2011）。而组织的这些制度属性通过组织管理者、技术设计/研发者作为中介与技术互动来影响技术（Orlikowski，1992）。而且，不是只有技术的设计者、管理者才有权塑造技术，相对无技术掌控权的行动者依然能够改变技术、解释技术和操作的方式，甚至改变技术对于组织的含义（Mohrman&Lawler，1984；Jönsson&Grönlund，1988；Perrow，1983；Wynne，1998）。所以，人们在使用技术的过程中，既运用了技术的特征，也运用了自己对技术和组织制度的认知，使用者的知识、经验、权力关系等，也都是能动性建构技术的因素。

本书将算法实践过程看作技术系统与社会系统持续互动的过程，将算法实践置于特定组织情境中的行动者的制度性建构，同时又能被行动者赋予不同的意义、使用其不同的特性的社会性建构中，人的能动性和组织的制度属性可以在算法的设计、决策、应用中并存。因此，将算法实践过程中不同行动者的能动性特征（人工规则、策略、评估、干预行动等）以及作用于特定组织内外部的制度性情境特征纳入算法设计、应用、迭代的整个生命周期①进行研究，从而更好地理解对算法实践的社会建构过程中哪些行动者参与进来，又是如何参与算法实践的过程。

2. 权力—利益关系机制与行动者认知、策略

在剖析算法实践的组织制度属性和个体能动性的过程中，将参与社会建构的行动主体纳入进来后，多元行动者参与算法实践的影响机制是什么呢？本书认为要从多元行动者参与算法实践过程中的博弈地位、算法认知与行动策略入手，剖析隐藏在背后的权力—利益关系机制，这也是影响算法实践结果的深层动因。

（1）权力—利益关系机制：社会行动者博弈地位

a. 控制权强度

社会学对组织的研究往往从权力出发（Hatch，1997；福柯，1975）。在社会交换关系中，权力运作的方式（一方如何对另一方施加影响、提高贯彻自己意志的可能性），取决于双方平等性交换资源的占有程度、对方可替代性程度、强力迫使程度、硬撑拒绝交换/服务的能力（布劳，1988）。这四方面的行为选择范围在两个互动博弈的行动者身上表现出来，直接影响各自的互动博弈地位。组织自身作为社会行动者，需要与外部资源持续进行交换，博弈地位容易受到控制其所需资源的外部控制力影响，对资源的所有权、实际使用权以及制定法规或者监管资源所有权和使用权的能力都能成为组织面临社会控制的来源（菲佛、萨兰基克，2006）。如果从社会行动者的博弈地位考虑技术（资源），对技术的

---

① 一般来讲，算法实践过程包括：多样化的场景应用需求下进行数据采集/标注、算法训练、预测分析（分数或者模型输出），新样本不断反馈输入、线下评估、A/B测试上线、模型迭代等一系列技术过程。

占有和对技术的运用（王水雄，2000）就成为权力博弈的两个关键维度。

可见，对能够构建平等性交换的资源占有量越大、越是有许多可替代的服务摆在行为者面前、越是强有力、强力越稳定，硬撑着维持生存的资源量越大的行动者博弈地位越高（当然在互动博弈中，不同行动者会根据实际博弈的场景及行为取向而定）。在组织—技术—个人框架下，这对更好地观察和分析不同社会行动主体在参与算法实践过程中的内在影响机制具有重要意义：不同社会行动者对算法实践过程中的控制权强度直接影响参与算法实践的博弈地位。

控制权强度涉及对算法实践过程的影响程度，具体包括数据行为体信息交换的自控能力、算法设计与运用的操控能力、算法实践结果的改变和干预能力等。首先，算法无法脱离数据实践（Balkin，2017；Gillespie，2014），数据行为主体拥有个人信息自决权[①]，具有主动干预自身"数字人格"的能力（王泽鉴，2008），如何运用自身数据"联结"平台进行资源交换与接受/拒绝服务具有自主控制性，比如，用户自身的行为反馈可以自我控制，通过主动自我索引和对他人及内容的分类，改变内容可见性的范围和排序（Harcourt，2015；Brubaker，2020）。其次，算法实践是技术编码过程，如何设计、运行、策略与规则制定存在于组织内部，不可否认组织者拥有技术实际操控权力，但是也不能忽视任何技术设计过程对社会环境、文化的依赖性（Feenberg，1999），比如，算法实践的前提是需要围绕特定业务场景、产品目标而服务，公权力决策机构与商业公司的算法实践特性也会存在差异（丁晓东，2020），而目前大型平台企业兼具准公共权力属性与商业属性（刘权，2020），算法实践也会兼顾公共决策权与企业自主决策权的性质。因此，算法实践过程

[①] 《民法典》第1034至1039条较为详细地规定了个人信息保护。比如人格权编除规定隐私权益受保护外，还规定了个人对自身个人信息的查阅、复制、更正等权利。《网络安全法》的一些条文和一些行业标准规定了系列个人信息保护制度（参见《网络安全法》第41~45条）。《个人信息保护法》对个人信息也进行综合性的立法与保护。

为多元社会主体的权力传导提供了可能。最后，针对算法实践结果，多元社会行动者拥有人工干预的能力。从组织内部来讲，管理者及技术精英拥有人工干预的权限；从组织外部讲，任何数据行为体都拥有拒绝／关闭算法自动化决策权①，而且企业组织自身会面对外部政治强制力的约束，比如国家技术治理自主性的干预能力，即超越特定部门、群体和阶层的自主性（Castells&Cardoso，2006）可以对算法实践的负面结果进行监管。

b. 利益相关性

利益是行动者行为的内在理性动因，组织内部的行动者都会基于自身的目标效用函数，在特定条件下分析各自的收益值，进而确定相应的行动策略和行为（Becker，1976）。而技术活动不仅存在于组织内部，更存在于与社会的互动关系之中，相关利益群体不仅拥有对技术的建构能力（Bijker，Hughes&Pinch，1987；Collins，1987；Boland&Day，1982；Newman &Rosenberg，1985），也通过提供或控制资源在技术设计中施加各自的影响，使得技术活动纳入适合他们各自利益的技术秩序（芬伯格，2005）。由于算法实践过程影响平台组织方作为算法设计、运行者的经济利益及相关利益者的利益分配，比如消费者、广告主、劳动者（Levin，2015；Roose，2019；Rosenblat，2018；翟秀凤，2019）及社会公共利益的需求，比如政府监管部门、主流媒体、公众舆论的监督（张志安、周嘉琳，2019）。所以，算法实践过程隐藏在背后的是行为主体利益格局的变动和调整，难免会产生利益冲突。可以说，不同行动主体参与算法实践过程中的利益相关性是影响行动者策略选择的关键变量，也是影响算法实践结果——内容可见性博弈的重要因素。

本书综合前述控制权强度和利益相关程度两个维度，试图对参与算

---

① 以欧盟为典型代表《通用数据保护条例》（GDPR）第 22 条，"当算法自动化决策对数据主体造成法律或重大影响时，数据主体有权不作为自动化决策的支配对象"；我国《互联网信息服务算法推荐管理规定》第 17 条，"用户选择关闭算法推荐服务，算法推荐服务提供者应当立即停止提供相关服务"。

法实践过程中多元社会主体博弈地位进行初步划分（见表 1-1），A、B、C、D 四个象限的具体内容和对应关系有赖于在接下来的实证分析中加以验证。

表 1-1　多元社会行动主体在算法实践过程中的博弈地位

社会行动者博弈地位		利益相关程度	
		高	低
控制权强度	强	A	B
	弱	C	D

（2）算法认知与行动策略

算法的理解本身存在本体论上的争议（Gillespie，2016；Seaver，2013），组织内部不同的行动者往往根据自身在组织结构中的地位与角色，对其进行转义（徐笛，2019）。但是对组织外部的应用者会把算法当作一种"外来"的技术规则或系统（Seaver，2017），与其互动中存在知识层面的差异和操控意义上的盲区（Cotter&Reisdorf，2020）。所以，不同社会行动者凭借不同知识储备、技能以及在算法实践情境中所处的角色位置，形成不同的算法认知、赋予不同的意义和期望，这种认知和期望在很大程度上影响参与算法实践的互动逻辑与行动策略。

3. 算法实践结果——可见性博弈

任何一种技术从创新到产生社会、经济、组织的实际效果，都会经历设计、决策、应用及反馈等诸多环节。在以往的研究中，将技术与相关行动者互动的环节放到技术应用的环节切入（邱泽奇，2005），但是不同于信息技术的外源定制性，人工智能技术在某种程度上说，是在设计、决策、应用中不断循环，技术逻辑、组织逻辑、应用者逻辑共同作用的时空连续过程。换句话说，算法实践的结果是处于特定时间流和情境中的相互影响状态，而非一个静止、固定的结果。因此，考察算法实践结果，不能简单地由价值预设判定好坏，应当分析不同实践情境下，行动者之间的策略互动以及产生的状态。

本书将"可见性"博弈作为理解算法实践结果的概念，通过研究不同社会行动者参与建构算法实践的过程，分析算法实践如何呈现了不同社会行动者的权力—利益博弈的状态。

那么，放入本书的研究案例中，算法实践下的内容识别、审核、分发、推荐，是如何最终决定什么内容应该是（不）可见的，它们分别对谁可见的结果，就成为多元主体权力—利益关系机制影响下，处于不同博弈地位、形成差异化的算法认知与行动策略后，对信息流中内容可见性的博弈状态。

三 算法实践是社会建构的产物

（一）平台组织与核心算法实践

K 平台成立于 2011 年 3 月，旗下的主打产品最初是一款制作分享 GIF 图片的手机应用，2012 年，S 某带领算法团队加入公司后，将 K 平台的产品形态从工具应用转型为以 AI 技术为核心进行智能分发的短视频社区。K 平台目前日活跃用户数超过 3 亿，月活跃用户数超过 4 亿，日均曝光达千亿级别。2020 年，K 平台加速推进商业化，电商引入、媒体入驻、MCN 机构内容创作等多方面发力，全面改进内容建设和商业模式。

截至 2020 年 6 月 30 日，K 平台有 5000 名研发员工，其中 80% 是开发运营平台的工程师，24 万台服务器，22 个网络数据中心，半年研发投入 23 亿元。K 平台公司形成"小前台，大中台"的管理层结构，K 平台管理层以两位创始人为核心。一位负责产品、运营等内部管理，另一位作为 CEO 统管公司，并负责 AI 算法以及对外事项。

从对 AI 技术的研发及负责的组织部门来看，K 平台公司形成了针对内容生产者的辅助内容创作技术、内容理解技术及内容推荐技术等核心技术体系，比如，K 平台自研了 YCNN 深度推理学习引擎，解决了 AI 技术运行受限于用户设备计算量的问题，辅助内容生产者进行内容创作；2016

年，将深度学习组改为多媒体理解组（Multimedia Understanding，MMU）对用户生产内容进行多模态理解整合，MMU 研发的内容分析算法系统可对平台海量数据进行实时多维分析及筛选。而作为与用户消费关联最紧密的个性化推荐技术，K 平台内部成立针对核心场景的 AI 算法引擎部门，名为社区科学部，致力于用一整套 AI 解决方案实现核心场景下的个性化内容推荐。

所以 K 平台开展的算法实践主要围绕对用户上传的各种内容形态（比如图文、视频、音频、直播等）进行理解和分发，算法的整体框架由底层算法和上层应用组成，底层算法有自然语言处理技术（NLP）方面的语义理解，视觉方面的图像质量、图文匹配、视频理解，以及基础搜索等算法。上层应用对接具体 AI 技术实现场景，比如内容理解算法、个性化推荐算法、商业化广告推荐算法等（见图 1-1）。

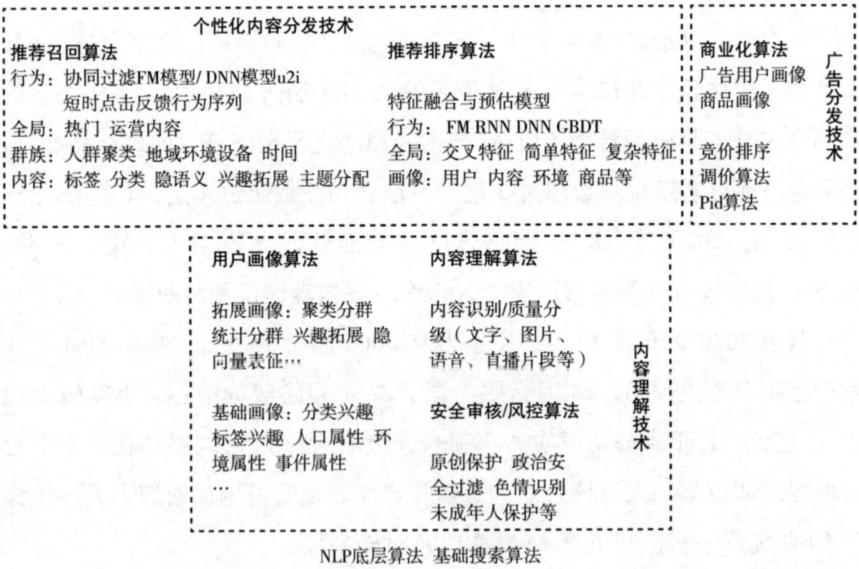

图 1-1　K 平台 AI 算法核心框架

K 平台是采用多种 AI 算法进行内容分发的平台，内容的来源主要由普通用户（User-Created Content，UGC）和专业内容生产者

（Professionally-Generated Content，PGC）生产，内容生产者将内容（短视频为主）上传到 K 平台 App 后，内容理解部门会采取人脸识别、OCR、图像识别、语音识别等 AI 技术及机器学习算法对内容进行识别与特征抽取（用于推荐系统算法模型特征输入），同时经过内容审核、风控部门（人工规则/算法模型）进行内容监管后，进入内容索引池，用于推荐系统进行内容分发，在推荐系统中，经过个性化推荐算法进行召回、排序及运营人工规则，最终筛选出内容推荐给用户。

在整个内容分发过程中，多种 AI 算法的应用，使得 K 平台具备相当成熟的技术系统，包括内容识别技术、内容审核技术、风控技术、个性化推荐技术等。这就意味着不同的技术需要不同业务部门的算法模型设计、应用，各部门的合作与配合决定着平台内容分发的效果。

比如，内容理解部门的算法工程师把关内容的安全与质量，对算法模型的设计有相应的人工指导规则体系（比如，什么样的内容算法要识别出来，是违反安全规则），建立了规范化标准体系；推荐算法工程师围绕个性化推荐技术的实现，在内容召回、排序阶段设计不同的算法模型及策略；运营部门也会有不同业务规则对推荐算法最终的推荐结果进行最终排序（运营活动/商业利益需求等）；用户体验部门会根据用户的体验反馈给上游部门，进一步优化个性化推荐的流程。

所以，用户生产内容上传后，经过内容理解、审核、分发、推荐环节集中体现了不同场景下的算法设计、应用过程，也集中体现了 K 平台 AI 关键技术实践，充分展现 AI 技术与 K 平台制度属性以及多层次行动者进行充分社会互动的过程。本书以 K 平台对内容理解算法、个性化推荐算法、商业化广告推荐算法的研发与应用过程为主要切入点，围绕算法模型设计与应用相关的技术部门（社科推荐部、内容理解中台、内容审核和风控部门、产品策略部门、商业化部门，数据分析部门、用户体验部门等）及相关技术行动者算法实践展开（见图 1-2）。

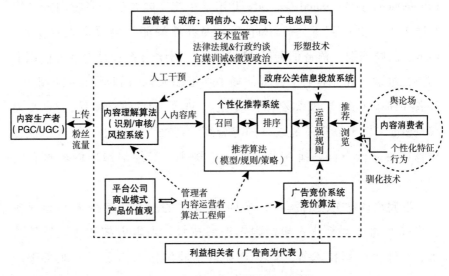

图 1-2　K 平台核心算法实践过程

（二）聚焦社会建构过程：可见性博弈

1. 算法及实践的再定义：内容可见性

首先，本书所探讨的"算法"（algorithm），从技术上讲，是作为解决问题和制定决策的方法和步骤（Dourish，2016；Gillespie，2007）。从功能意义上讲，算法与人类主观能动性相关，但并非全由人类执行，作为完成某项任务在设计软件时所嵌入的数字化流程或者规则而存在。

其次，从放入本书经验研究的案例来看，K 平台使用算法来解决两个核心问题：管理越来越多的视频内容（信息流），以及提供令观众满意的信息性内容服务。这里的观众不仅仅指普通的内容消费者，还指围绕在内容生产、分发、消费整个过程中的相关社会行动者，比如内容生产者、内容监管者、内容利益相关者、内容消费者等。因此，算法被用来回答（和制定）这个问题：什么内容应该是可见的，什么是不可见的？对谁可见？

在本书的语境中，算法实践被定义为 K 平台为提供或限制内容可见性而实现的一步一步的编码过程。在实践中，该平台以多种方式提供可见性：算法通过转化人工规则指导建构各种模型、策略用于"识别""分类""过滤""排序"等功能对内容的可见性进行"构建和塑造"（Dourish，2016；Hallinan and Striphas，2016；Seaver，2017；Vonderau，2019）。然后，K平台通过算法实践对聚集在K平台的观众进行内容推广（Postigo，2014），最后，"观众"又如何在表面上缺乏技术知识与实操权限的情况下使用互动策略保持建构算法实践的能力，维系自身及内容的可见性（例如，Eslami et al.，2015；Bucher，2017；West，2018）。

2. 社会建构中的核心问题

本书以K平台的算法实践为案例，分析不同的社会性力量如何建构算法实践的过程、影响机制及后果。具体考察了如下四个问题。

第一，了解平台公司内部行动主体对算法实践的建构过程，剖析K平台作为平台公司参与算法实践过程中的制度属性，包括平台作为组织的意义结构、经济结构和合法性结构。具体来看：K平台的平台（产品）文化价值观、商业模式和政治监管环境对组织内部行动者开展算法实践的影响。

第二，在平台公司开展算法实践的过程中，关注并衡量了哪些相关社会行动者的权力、利益需求被纳入算法实践中（也即内隐性编码设计考量）：通过对组织内不同场景下算法研发团队算法模型建构过程（从建模到上线）展开研究，关注算法实践中的业务目标、评估目标、优化目标和标准操作流程与专业技能以及组织内部算法实践场景中的业务收益。最终确立了参与算法实践的社会行动者：平台公司（作为平台组织者/商业公司运营者）、内容生产者、内容消费者、利益相关者、内容监管者。

第三，了解组织外部社会行动主体参与算法实践建构的过程（外显性行为互动特征）：研究不同类型用户与平台（界面）互动的主观体验，对算法的认知、想法与反馈方式等，比如普通用户采取何种方式应对平台的推荐算法机制（被动接受/主动改变/拒绝等），专业内容生产者如何和平台算法机制进行互动，如何利用算法机制转化自己的利益需求等，观测平台算法实践和用户之间为控制信息交换而进行的博弈过程。

第四，总结归纳围绕内容生产、审核、分发、消费的整个博弈过程，多元社会行动主体参与算法实践的影响机制、行动策略以及算法实践的结果。

3. 本书的结构

本书共分为九章。第一章为绪论，主要介绍本书关注的重要问题、研究意义、研究视角与分析框架、研究案例介绍与全书结构。第二章为文献综述部分，主要介绍与本书相关的理论成果与观点、其他学科相关研究的评述以及本研究的贡献。第三章为研究方法与研究设计。第四章至第八章，进入本书的主体内容议题，核心论述围绕以下几个议题依次展开。

①关注算法实践的实际操作行动者——平台公司的管理者、运营者、技术设计者等一系列组织内部的行动者对算法实践如何进行制度属性建构，在规范化算法实践的过程中，践行了怎样的价值观与规范？

在第四章，阐释算法实践受特定平台产品价值观的影响。通过与 K 平台的竞争性平台 D 平台的案例对比，展现不同的产品价值观对算法实践的规范化塑造过程。算法实践作为一种强大的力量把关着"谁"能够被看到，谁的声音能被听到，什么样的内容能在平台中呈现，如何呈现，这些都在特定的产品技术设计中，透过算法实践表达着特有的价值观倾向。

在第五章，阐释平台公司的商业模式对算法实践的影响，着重探讨参与算法实践的利益相关者——广告商对算法实践的建构作用，算法实践如何践行平台的商业模式成为利润增长的引擎，如何协调与商业合作伙伴的利益分配，共同实现互联网共享的神话。算法实践如何在把关"可见性"中加入了商业力量？

②关注算法实践的社会、政治制度环境作用如何影响平台的算法实践，特别是政府监管部门如何将正式的制度规范与规则"嵌入"算法实践中，政治权力如何实现技术化？

在第六章，详细阐述算法实践合法性的维系过程，面对政治环境的压力与制约力量如何塑造算法实践的政治属性。

③关注算法实践对用户的认知与行为方式的塑造，用户如何被数据化纳入算法实践塑造的有序空间中持续互动，建立起"人与内容"匹配的连接，用户作为组织外的社会性力量如何决定平台内容的"可见性"与"不可见性"，对算法实践的持续建构也起到重要作用？

在第七章和第八章，详细探讨用户作为内容生产者、内容消费者的社会角色，如何驯化算法实践。第九章为总结与思考，用以总结本书的研究发现与不足之处。

第二章　文献回顾与评述

对算法的研究，目前来看是建立在对算法的不同角度、不同层次的理解之上。在计算机科学领域，一般用通俗的语言和图示化将算法表达为"解决任务/问题的步骤或者一系列指令"，或"编程逻辑的一种形式"（Kowalski，1979），甚至是将算法降维理解，在业务层次或通俗科普读物中，将其等同于"信息过滤机制"，或是提升用户体验的"食谱"（杉浦贤，2016），等等。对算法理解的多样性背后，是对算法的多元假设：算法不仅是技术实现的配置，具有物质性，它还是技术实践的产物，与技术体系、技术设计、使用主体产生关联，具有社会性。在本体论意义上，它还具有政治性，是建构世界、理解世界存在的方式。因此，无论是在实践中还是理论视角下，算法都是技术的、社会的、政治的、文化的多样性存在和运作。

首先，本部分对更具有技术意义的算法研究进行回顾，特别是结合目前人工智能技术发展现状，介绍机器学习算法的内涵与研究侧重点，因为算法的多样性存在与运作都离不开机器依赖数据学习后进行预测的技术系统。其次，我们将回顾社会科学领域对"算法"多角度的理解与分析，展现算法成为更广泛的社会关系与实践网络中的重要组成部分的动态性与复杂性。

一　对算法的技术性理解与应用现状

1.工业领域的"算法"：解决问题方案的技术表现形式

算法（algorithm）这个术语可以追溯到 12 世纪阿拉伯数学家穆罕默

德·花拉子米（Muḥammadibn Mūsā al-Khwārizmī）的说法（Miyazaki，2012），作为"能够运行的系统性计算"成为 19 世纪数学家讨论的重要概念（孙萍，2019）。随着计算机信息技术的发展，算法逐渐成为"运行代码的程序逻辑"（Napoli，2013），算法作为一种技术架构（technical infrastructure），被界定为一组定义好的步骤，这些步骤用于处理指令/数据以产生输出（Kitchin，2016），基于计算机的认知过程，通过固有的数学逻辑和统计实践来塑造程序。

对于大多数计算机科学家和程序员来讲，对算法理解的基本层次是用来解决一个定义明确问题的一套指令。通常，它们区分算法（指令集），并在特定源语言（如 Java 或 C++）的支持下，将计算理解表达为逻辑条件（关于问题的知识）和控制结构（解决问题的策略），于是可定义为：算法＝逻辑＋控制（Kowalski，1979）。正如 Seaver（2013）所指出的，在计算机科学的研究范畴下，重点集中在如何建构算法模型以确定其效率；从纯技术在 20 世纪 60 年代随着计算机科学和高级编程语言有了长足发展之后，算法具有了计算机指令的意涵，"一个算法被理解为一组定义好的步骤，如果按照正确的顺序进行，这些步骤将计算处理输入（指令和/或数据）以产生期望的结果"（Kitchin，2016）。"算法"成为计算机操作、处理信息的逻辑与指导步骤，规定了在给定参数下实现某种目标的一套程序：只有在一定的计算逻辑下，该程序才能执行代码；也就是说，在工业界，程序员只有通过计算机识别的编程语言，才能按照一定的逻辑来控制信息流，而这种逻辑就是算法的力量，算法体现在软件、程序设计中的实际流程，按照预设的规则形成"秩序"要比算法本身的含义更为重要。而且算法运行依赖于其他技术元素，最根本的是数据结构，算法＋数据结构＝程序（Wirth，1985），不仅是数据结构，还包括数据类型、数据库、硬件、CPU/GPU 等协作。因此，从技术角度如何设计算法，需要保证有限性和确定性的输入、有效性的输出（Knuth，1968），算法才能够有效地利用资源产生正确的输出（Cormen，2013）。这也意味着算法的步骤是有序的，是一套解决问题方案的技术表现形式，不同的算法可以应用于不同的任务，也可以作用于同一个任务，所以算法可以理解为组织逻辑的技术形式。可见，算法从来不是中立的，伴随着来自现实世界的假设和价值预设，以特定的方式来过滤信息，影响人们对现实世界的理解。

2. 机器学习算法与"模型"

随着计算机科学的发展，信息技术的高级形式——人工智能（AI）技术已经进入社会生产生活当中，机器学习算法与之前"具有确定性"的算法有了本质性区别，机器学习算法可以实现机器像人类一样学习（Domingos，2015），与传统编程的严格逻辑规则不同，机器学习是学习如何从示例中解决问题。以前程序员必须自己编写所有的"if…then"语句来预测结果，而机器学习算法则允许计算机从大量训练示例中学习规则，而无需显式编程。算法工程师为了实现某目标/解决问题，选择不同的算法在样本数据上进行"训练"（学习），机器学习的过程中就会产生不同的算法模型用于预测（Bucher，2017）。比如，需要将电子邮件分类为垃圾邮件或非垃圾邮件，以前的程序员需要手动查看大量的电子邮件，然后写 if 语句来完成，现在是运用机器学习算法来解决垃圾邮件分类的问题，比如利用朴素贝叶斯算法从大量历史邮件样本数据集中学习形成算法模型对邮件进行分类预测（见图 2-1）。

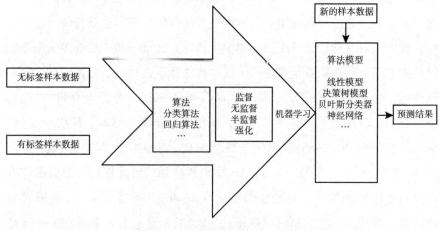

图 2-1　机器学习算法与"模型"

真正对我们生活实践产生影响的就是不同机器学习算法作用在大数据基础上给出的模型，因为这些模型用来解决我们的问题，比如内容识别、分类、排序等具体业务场景。算法模型是如何产生的呢？机器学习以解决问题的思维模式，收集数据，应用算法和生成算法模型。机器学习根据样本数据有无标签而分为不同监督机器学习的方式与算法，比如监督学习、无监督学习、半监督学习与强化学习，以及相应的算法框架，被应用于不同的业务领域（雷明，2019）。具体参见表2-1。

表2-1 机器学习及算法分类举例

学习类型	历史数据是否有标签	机器学习算法	业务应用
监督学习	有标签	回归算法：线性回归；逻辑回归等 分类算法：K-近邻算法；决策树；贝叶斯；支持向量机；人工神经网络；集成学习算法等	文本分类；人像识别、医学诊断；欺诈检测等
无监督学习	无标签 侧重数据本身信息结构	聚类，比如K-均值算法；主成分分析、独立成分分析、奇异值分解	语音、图像、通信的分析与处理
强化学习	不需要数据，根据接收环境对动作的反馈获得学习信息并更新模型参数	Actor-Critic算法等	游戏开发

资料来源：雷明，《机器学习：原理、算法与应用》，清华大学出版社，2019。

比如，机器学习如果在监督学习的情况下，具体解决某实际问题时分为两步：一是人工特征提取，二是将特征向量送入机器学习算法中进行训练或者预测，而人工特征提取依靠特定的领域知识/业务应用的标准/规则。随着深度学习算法（基于人工神经网络的算法）的发展，让机器像人一样学习的功能性进一步提升，不需要进行人工设计的特征提取，深度学习算法通过深层神经网络自动学习复杂的特征完成特征抽取，进行预测，提高了解决任务的效率与效力，深度学习作为一类机器学习算法目前被广泛应用于语音识别、自然语言处理、数据挖掘、推荐系统等领域（见图2-2）。

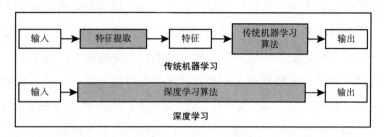

图 2-2　传统机器学习与深度学习

3. 机器学习算法模型建构的流程：算法工程师的日常

算法模型在技术意义上的生成过程基本经过以下步骤：①确定解决问题的目标，机器学习的目标一定是解决现实场景的问题，算法工程师首先要明确实现何种目标，解决什么样的问题。②诊断问题，为了实现这个目标，需要机器学习给到怎样的输出，单纯的 0~1 标签，还是连续的风险概率；目前的数据量是否能支撑这个项目，业务样本的黑白比例是否不够均衡，这些问题都是需要诊断的。③根据不同领域业务场景选择算法，在这个细分的业务场景下，适合选用哪一类型的算法，不同算法往往是针对不同领域而产生的。④机器学习算法的执行，一般称为最优化的过程，即在一个算法框架下，如何最快地达到最优的结果。具体包括数据采集与处理、数据人工标注、特征工程（转化为机器识别的特征向量）、算法调试、模型评估等，每一个环节都会有各自的方法论，环环相扣，相互影响。⑤算法模型评估/迭代，根据业务目标量化评估体系，算法模型如何迭代从而逼近实现业务目标。

所以从机器学习算法运行的过程来看，需要有海量的样本数据，人为地选择合适的算法，指导机器学习后，产出不同的算法模型进行预测。就算法模型预测的准不准确，算法能力强不强而言，数据的规模、清洗、人工标注、特征工程等一系列环节决定了算法的能力：既要有能被用于训练的海量数据，对数据进行高质量的提炼（经过特征工程，将数据中重要的特征抽取形成特征向量）形成预测信号。同时，算法的选择也很重要，基于同样的样本，不同的算法（或同一算法中参数的不同）所生成的具体模型也会不同，算法的优劣对于模型的性能指标有着直接的影响。而算法的选择，以及算法中参数的选择，都需要根据具体的任务来针对性确定，因为算法模型是从数据中学习解决给定任务（Flach，2012）。于是在应用算法对数据学习的过程中，需将任务和目标进行形式化转化，围绕对数据的转化、标记、分类、排序来预测正在或将要发生的事情（Mackenzie，2015），参见图 2-3。

图 2-3　机器学习算法模型技术意义上的生成过程

4. 国内工业界应用机器学习最多的领域与场景

机器学习算法已成为当代互联网公司让机器在数据驱动环境下实现学习识别数据模式、发现知识、预测用户行为和品位可能性的惯用方法。机器学习集中用于金融、媒体、零售等领域①，这些领域大多是 to C 端产品，积累了大量用户数据，满足机器学习建模对数据量的要求，也有着大量应用机器学习建模的场景。根据不同的领域与应用场景可以列举出一些代表性机器学习算法（见表 2-2）。

表 2-2　代表性机器学习算法应用领域

产品领域/场景	代表性机器学习算法模型	算法模型优势
金融领域 用于风控场景： 信用卡交易、申请和贷款等反欺诈、反洗钱等	GBDT 算法+LR 逻辑回归	金融领域属于强监管场景，算法模型必须是可解释的模型，才能符合监管要求。金融领域的算法模型可解释特征工程很清晰，每个特征的贡献度也可以统计出来

---

① 根据 IDC MarketScape 发布的 2019 年中国机器学习开发平台市场的报告，国内做机器学习的头部公司是第四范式、百度、阿里云三家企业。根据这些机器学习开发平台的客户领域可以发现，机器学习集中用于金融、媒体、零售等领域。资料来源：《IDC 发布了首份〈IDC MarketScape：中国机器学习开发平台 2019 厂商评估〉》（http://m.elecfans.com/article/1075193.html）。

续表

产品领域/场景	代表性机器学习算法模型	算法模型优势
金融领域 用于营销场景：为用户推荐理财产品、基金产品、保险产品或者邀请用户办理信用卡账单分期等	推荐算法，经典的基于协同过滤 CF 算法；深度学习推荐算法	召回+排序+业务规则
媒体领域/内容产品领域 今日头条、抖音、快手、知乎等用于推荐场景：个性化推荐+广告推荐	各种传统机器学习算法+推荐算法（深度学习算法）：基于内容 item 的推荐、基于知识图谱的推荐、基于协同过滤算法的推荐等	基于用户画像与内容理解精准个性化推送
零售领域 淘宝、京东等电商领域用于推荐场景/销量预测：App 上购物车页面提交订单时为用户推荐相似商品、推荐可能感兴趣的商品	协同过滤 CF 算法、FM 算法+LR 排序模型 回归算法模型	提高商品售卖率，促进用户消费；供应链优化，物流调度，给外卖骑手配单等

对于互联网商业平台来说，用户的增长（数据的规模）始终是互联网公司的目标，而算法的能力不仅在于数据的规模，更体现在人对算法的选择以及对数据的理解能力。也就是说选择何种算法对机器学习进行训练而对数据的理解看似是机器的认知、识别能力，实质上是人对数据的理解能力和价值取向与利益需求。比如人脸识别是机器学习算法运用的一个重要领域，算法在各种各样的数据集中被训练，学习如何检测出人脸，然而根据识别的具体任务，采用不同的算法进行分类预测，需要人/机器自动给数据打标签，经历"对数据进行标签化—算法模型—分类预测"等过程。而这一过程中算法预测的准确与否，取决于机器学习到的人为规则是怎么建立的。谷歌曾经陷入算法有种族歧视的舆论漩涡，"喂"给算法的数据是有种族歧视的样本，算法学习后预测的也是有偏的（Barocas and Selbst，2016）。

总结来看，算法被理解为指导计算机执行特定任务的一系列指令，用于控制信息流和预测未来事件发生的概率，即基于不断变化的信息来提高某件事发生的概率（确定性）。随着人工智能技术的发展，机器学习算法、深度学习算法在不同的业务领域都得到快速发展与应用。整体来看，计算机科学领域在技术理性逻辑下追求效率，将算法作为技术系统置于中心位置，旨在不断构建和优化算法系统以解决特定的社会问题：检测有争议的内容、异常行为以及用户偏好或观点。简言之：将社会环境如何转化为可计算的过程，寻求有效、稳健、相对公平和负责任的方式提高组织效益推动用户行为（Schmidt & Wiegand，2017；Binns et al.，2017）。

但是算法如果作为解决问题的方法，指导计算机自我学习的指令，算法模型的生成与迭代一定是社会生成的过程，是人类主观能动性量化的结果——算法是动态的人为策略和行动规则的集中表现，数据重要，怎么利用数据作用于算法的人为规则更重要，所以算法需要纳入社会互动的过程来研究。

二　社会科学领域的"算法"研究

社会科学领域的诸多学科通常将算法纳入社会情境实践，关注算法实践，算法成为多元学科范式下的研究热点（Amoore，2009；Ananny，2016；Beer，2009；Lippold，2011，Diakopoulos，2015；Gillespie，2014；Introna，2016；Karppi & Crawford，2016；Lenglet，2011；Mackenzie，2015；McKelvey，2014；Seaver，2013；Striphas，2015；Wilf，2013；Ziewitz，2016）。不同学科不同的研究视角和切入点都有助于研究算法如何重新组织和转变（shifting）社会互动（interactions）与社会结构（structures）。

研究算法所涉及的应用领域则包括金融（Mackenzie，2015；Pasquale，2015）、交通（Kitchin & Dodge，2011）、旅游业（Orlikowski & Scott，2015）、高等教育（Introna，2011；Williamson，2015）、新闻媒体行业（Anderson，2011；Diakopoulos，2015；Hallinan & Striphas，2016；Napoli，

2013)、信息安全（Amoore，2013；Lippold，2011）、信息监控与治理（Braverman，2014；Introna & Wood，2004；König，2019；Gorwa et al. 2020）和大众文化（Beer，2017）；等等。

比如，媒体与传播学领域关注算法如何构成一种新的传播模式，从而改变了传统的新闻传播业态（Anderson，2011），从国内经验研究来看，更多的是以与消费者产生关联最紧密的算法为切入点，关注具体的新闻媒体采用算法进行内容分发后如何对传统媒体产生影响，人们接收到算法分发的信息会不会形成信息茧房（信息接收者关注信息的面向越来越窄），以及如何规制新闻算法应用并创造良好的公共生活交往空间等（喻国明等，2015；彭兰，2016；姜红、鲁曼，2017；蔡磊平，2017；方洁、高璐，2017；许向东、郭萌萌，2017；章震、周嘉琳，2017）。

政治学者、法律学者一方面正在研究用于提供国家服务和行政决策的自动化程序，关注算法潜在提高国家服务的效率与治理困境，比如研究算法监管（König，2019）、算法治理（Katzenbach et al.，2019；Yeung，2018）。另一方面，关注算法能被人类利用的程度，其既能提高信息传播效率，又可以成为政治长期关注的组成部分，算法不仅被赋予价值观支撑搜索引擎、高频交易系统，形成资本主义意识形态（Mager，2012；Snider，2014），也可以是强化社会偏见的助推器（Noble，2018）。

文化研究学者则关注算法文化生产，比如 Lippold（2011）描绘算法作为一种控制模式，一种身份识别过程——用于构建和规范我们在网络营销背景下的日常网络生活。将算法及围绕算法的技术元素整合为特定的社会物质实践，嵌入人类的知识和实践经验中（Introna，2016；Gillespie，2016），并融入文化及美学和知识生产、话语，甚至是个人身份认同中（Lippold，2011）。比如 Striphas（2015）在书中谈到"算法文化"的出现，他认为 Netflix 和 Amazon 等平台改变了传统文化的实践、体验和理解方式。此外，Lenglet（2011）还描述了金融世界是如何变得算法化的，金融交易程序的算法化操作使得交易者形成了按照算法逻辑的行动方式等。

所以不同学科对算法的研究较多侧重于探寻其实践的目的与意义：算法不仅是技术框架的一环，也是具有政治性、经济性、社会性、文化性的实践过程。强调经济、文化和政治背景，这些背景既塑造了算法的设计，也适应了算法的操作。

整体来看，对算法的研究取向大致有如下几个。

1. 认识+批判算法

目前来看，社会科学领域的算法研究对算法技术细节关注较少，更多关注算法所在技术系统的社会文化意涵，已有研究在认识论上都为算法研究打开了一种更为开放式的理论思路，将算法纳入更广泛的社会技术组合的研究取向已成为学界的共识（例如 Bucher，2012；Gillespie，2014；Goffey，2008；Montfort et al.，2012）。算法研究也更加深入地回应技术与社会关系的议题探讨，拉近了技术与社会的距离。

其一，算法研究体现社会科学共识——有关技术的研究不能在本体论上只将算法视为技术性的。正如麦肯齐所说，软件有一个"可变的本体论"，意味着"它何时何地是社会的、技术的、材料的或符号学的问题不能得到决定性的回答"（MacKenzie，2008）。同样地，Gillespie 认为"算法"实际上可以作为社会技术集合的缩写，包括算法、模型、目标、数据、训练数据、应用程序、硬件，并将其与更广泛的社会努力联系起来"（Gillespie，2016）。Seaver 也指出，"算法系统不是独立的小盒子，而是巨大的、联网的系统，有数百只手伸进其中，进行调整和再调整，交换零件，并尝试新的安排"（Seaver，2013）。

其二，应该如何认识算法。第一种研究倾向算法控制论。该路径的研究观点强调数字社会中的算法具有控制和影响社会现实（Lazer，2015；Cotter，2019）与社会秩序（Beer，2017）的能力。算法成为人类行动的智能代理人，同人类行动者一样，具有同等重要性，发挥着参与转移、传递、扭曲和修改意义的行动者角色。研究者倾向认为：算法作为技术化的社会规则，自动化调节社会运行（梁玉成、政光景，2021），甚至未来会自我演化（Real et al.，2020）。

由于人工智能、深度学习等核心技术的发展，算法的技术性特征会不断趋于强智能化、自动化，自我学习并进行大规模预测，所以基于机器学习算法进行自主决策的能力逐渐增强，不可解释性进行"黑箱"决策意味着面临失去人类控制的风险。于是，造成了如何治理算法的担忧与恐慌。比如，算法这种高度自适应性特征，不仅能够控制数据流动、人类行为，而且使得社会运转处于"黑箱"状态（帕斯奎尔，2015），全面控制着人类的生产生活。算法社会正在到来（彭兰，2021），人们的主体性被智能算法的技术理性反噬，生成"算法利维坦"（张爱军，2021；范如国，2021）、社会歧视（汪怀君、汝绪华，2020）、公私权力失衡（周辉，2019）、劳动过程控制与劳动者抗争（Rosenblat& Stark，2018；孙萍，2019；陈龙，2020）等。该路径的研究，虽然没有哪一位作者声称算法决定社会结构、变革了社会互动方式，但是却无不隐含着算法控制社会的强制性，往往忽视了算法本身具有与社会行动者互动的实践属性，其发挥影响力的结构性条件、实践情境、人工制度化安排等复杂互动过程。

第二种研究倾向算法工具论。该路径研究认为算法不具有自主性，算法只是效率工具，不是自我决策系统（邱泽奇，2021）。一方面，强调算法能被应用于政府决策、综合监控和识别安全风险等公共服务层面，提高治理效率（Levy et al.，2021；Greene et al.，2020；陈云松，2021）；另一方面，强调强势经济利益主体对算法设计的主导作用。算法设计及应用容易被商业组织、技术精英操控，算法极易被政治、商业、道德"赋权"成为施权的代理人带来新的社会分化与不平等（Fourcade，2021；Burrell&Fourcade，2021），算法借助资本与公权力的力量影响社会权力运行，存在异化风险（张凌寒，2021）。

无论哪种研究倾向，算法仍然是用来解决计算问题的一组指令，必须承认算法是社会机制的组成部分，算法是在人类的努力设计过程中量化、程序化、自动化人类的主观能动性的产物。虽然机器学习算法突破了

"波兰尼悖论"[1]，但这并不代表我们就进入了所谓的"强人工智能时代"，也不代表算法就可以替代人类自主运行社会规则完成各项社会功能。算法系统自动化程度还不能够完全自主决策，人类仍然是算法规则的制定者。

这也意味着目前对算法的研究是热点，但是不意味着研究路径及关注的问题是新的。如果将算法研究及技术逻辑放到历史谱系中理解为什么算法研究又刮起热潮，可以透露出人们对新兴技术又一轮"量化"社会生产生活的忧虑，比如对算法权力的警惕可以被视为对"泰勒主义工业自动化担忧的延续"（Gillespie，2016），或是追随人口普查、官僚制和工业社会一系列新的人口监控技术（Desrosières &Naish，2002；Foucault，2007；Hacking，2006；Power，2004），算法可以作为新的人口监视和分类形式（Neyland & Möllers，2017；Lupton，2016；Bennett，2017），也可以为国家提供服务和成为辅佐行政决策的自动化程序，建立起对消费者信用评分的体系（Avery，Brevoort and Canner，2012；Brevoort，Grimm & Kambara，2015；Fourcade & Healy，2017）；甚至是算法系统如何对劳动力进行监控与绩效评估带来一系列工人主体性、社会福祉、权利保障、用户隐私权等社会问题的探讨（孙萍，2019）。

于是，算法权力成为需要被社会干预进行技术调节的政治议题，算法监管（König，2019）、算法治理（Katzenbach & Ulbricht，2019；Yeung，2018）的研究从制度重构、法律规制（丁晓东，2020；刘颖、王佳伟，2021）、技术伦理责任（Cheng et al.，2021；Kearns et al.，2020；Martin，2019）、公共政策创新（贾开，2019）、企业社会责任治理（阳镇、陈劲，

---

① 波兰尼认为人类知道的远比其能表达出来的更多。在人工智能发展之前，传统算法的生产过程实际上就是人类表达自身的过程。传统算法是设计者给计算机设定好规则规定计算机如何产出动作，"波兰尼悖论"在指出人类表达能力缺陷的同时，也指出了传统算法生产过程的局限。而机器学习算法可以通过基于大数据的自我训练、自我学习过程完成参数调整与模型构建，也即完成算法的自我生产过程。尽管人类仍然参与其中，但机器学习算法已然摆脱了需要依赖人类表达能力的局限，从而极大地提升了算法能力并扩展了其应用范围。

2021)、社会科学的源头参与（周旅军、吕鹏，2022）等角度展开集中讨论，使得如何引导算法向善，增强其可解释性，规范算法应用责任主体行为成为政策出台与业界正在探讨和践行的行动实践。该路径的研究没有将算法与政治、文化、社会背景割裂开（贾开等，2021），突出制度性因素对算法的影响作用，为我们提供了经验研究的思路，但总体而言，此路径对社会行动者的主观能动性关注不足，忽略了特定组织结构和制度安排背后社会行动者的互动策略与其实践能力。

以上研究都说明，大数据时代下，数据之所以能产生价值，是通过新的组织形式才具有了社会意义，而这种意义离不开算法的关键作用。基于算法的实践如何塑造市场并创建分层机制，这些机制如何叠加社会阶层重新配置权力关系成为算法研究关注的重点（Fourcade & Healy，2017；Zarsky，2014）。

2. 研究算法的方法和实证经验

对算法如何开展研究，国内外学者实证研究经验成果并不多，基本停留在批判性的思考层面，虽然认识到"算法的社会力量"的重要性（Beer，2017），但是如何开展对算法的研究存在很多困难与研究方法论上的缺陷，比如，有学者（Kitchin，2016）认为研究算法具有三大挑战：算法作为商业与政治机密不仅是技术黑箱也有制度门槛；如何在社会政治经济背景嵌入算法的复杂性中找研究切入点也是挑战；而且算法是个动态的过程，如何对算法进行区分，截取哪个环节作为观察点和时间点也需要思考。

目前可以采取的研究方法：比如审查源代码（Chandra，2013），优势是能够观察到算法的构建过程但是解构随时间变化的代码并不容易，需要计算机专业领域的背景知识和能力，而且偏离了社会科学家的研究重点——算法不应该脱离社会技术组合和应用；加芬克尔破坏性试验（Ziewitz，2017）构建代码并进行反思，虽然可以将具体任务转化为伪代码但是具有主观性；逆向工程（Bucher，2012；Diakopoulos，2015；Mahnke & Uprichard，2014）虽然可以选择虚拟的数据与特定的算法应用场景进行互动，观察在不同的情境下输出什么，但是算法在实践中如何工作，容易过于片面理解算法的构成；对算法开发者团队进行民族志研究（Takhteyev，2012），有助于研究者确定算法构建背后的原因，但是容易忽略算法工作的细节与特殊技术过程；解开算法的所有社会技术组合，有助于揭示算法是如何被想象和阐述的，但是需要研究团队配合进行大型案例分析，收集数据和获取内部链接以解开社会技术组合并非易事（Montfort et al.，2012；Napoli，2013）；通过观察算法在不同条件下的工作效果，通过部署不同领域的算法来执行多种任务，才能知道算法是如何改变日常生活的（Al-Akkad et al.，2013），这类研究需要的详细观察和访谈集中在特定的系统和技术的使用情况，不同人群/个体在不同的场景，如何通过技术接口与算法进行互动，包括评估互动者的意图、行为和后果等。

3.社会学视阈下的算法研究

社会学视阈下，技术往往成为经验研究中（社会分层流动、社会关系网络、劳动关系等）的"背景"或者限定因素，"算法"也被转译为技术配置、工具或者技术系统而隐藏起来，模糊化为影响社会互动、维系社会秩序的数字管理方式或者劳动控制新型手段，经验研究者重点关注"算法"的管理模式和社会影响，侧重于技术决定论视角下探讨新的技术形态让社会生产、生活、治理产生的变化，比如有研究者（陈龙，2020）关注互联网平台经济的时代背景下，资本控制劳动的方式和手段发生了改变，算法所在的技术系统成为资本控制劳动的技术手段："数字治理"取代了人的管理成为平台经济劳动秩序得以形成的关键所在。研究虽然提及算法的技术功能意义，但是重点关注劳资关系，价值预设技术系统（算法）成为管理者、技术设计者才有权塑造的产物，忽视了作为劳动者其使用技术系统时的能动性，无权的劳动者成为被管控的对象，他们的行动和认知似乎被技术决定。如果算法系统是资本提高效率的工具，那也可以是劳动者提高效率的工具（邱泽奇，2021）。

同样，国内外有研究也表示"算法管理"呈现了多方利益主体的博弈状态，算法管理是由零工经济中控制和抗性共同构成的（Cameron&Rahman，2022），比如滴滴平台在对车主的劳动过程管理中发现：虽然算法体现的是数字化、隐藏的治理方式，但这些看不见的监控，却不再只是监视，车主仍可以从算法中得益（张凯彦，2020），但是平台组织的算法究竟如何进行的演算规则与方式、技术使用者如何认知与行动的互动机制并没有完备的说明。已有研究也指出算法使得劳资关系权力发生变化，具体可以体现在四个方面：监督和控制、透明度、偏见和歧视与问责（Mateescu &Nguyan，2019），但是想要理解算法如何与文化、社会系统发生关系（Beer，2017；Seaver，2017），我们必须理解"算法"本身，解构算法实践的建构过程，通过研究算法实践的技术过程如何与社会行动者实际互动，关注行动者在其中的能动性。

三　小结：现有算法研究的不足

从目前研究来看，对算法的研究取向、分析单位的层次不同，对算法的理解存在差异。

首先，算法研究涉及多学科领域的关注，自然会影响其研究的取向与理解，信息技术（IT）领域中的算法研究取向本着解决"怎么办"的问题，因为大多数信息技术研究偏向应用型研究，给定应用任务目标开展技术研发并解释技术应用后果，算法研究也不例外，关注算法模型设计、应用，以解决现实问题为出发点，进行具体解释开发创新，不断迭代算法模型的功能来实现信息技术如何改变现代生活的具体解决问题方案。

而社会科学领域中的算法研究取向本着解决"是什么，为什么"的问题，对于算法的理解希望建立起在不同分析层次（个人、群体、组织）之上，抽象地提出理论概念、建立起算法如何影响社会变迁（组织管理模式、生产关系、劳动关系、个人影响等）的假设性解释与检验，希望明晰因果关系。在一定程度上忽略人的主观能动性在算法设计和使用中扮演的角色。在已有文献中，更多关注算法的复杂性、计算性、可预测性、物质属性，暗含的意味是一旦使用就会被认为决定组织结构，但是忽视算法具体设计、开发环节的人的行动者因素，算法就成了技术黑箱。

　　虽然已有经验研究突出了行动者在算法研究中的作用，关注个体、群体利益、认知因素如何形塑算法的设计与意义。但是针对行动者如何干预算法改变工作实践方式和组织结构过程仍然没有很好的说明。而且社会中心论视角下的算法研究容易被"过分解构"，抹去了算法实现过程本身的技术和工作实践细节，如果只是分析算法实现过程所涉及的社会相关群体的合作、竞争作用于算法实现的联系过程，很难帮助我们理解在特定算法实现过程中，各种相关社会群体的联系究竟包含了什么。

　　这就造成当单独讨论算法时，算法可以是技术性的，也可以是政治性的、社会性的。算法可以是技术产物或影响技术生产和应用的重要技术环节，也可以在实践过程中具有一定的抽象的社会意义，甚至是话语建构，而这时候算法显然成为技术系统的代名词，影响社会关系、组织变迁甚至是认知世界、重组世界的秩序。所以，单独探讨算法的意涵与影响，容易产生歧义与偏颇。从理论视角来看，容易走向"技术决定论"极端，也就是说，算法容易单向被看作技术的产物具有外在性，只谈其技术能力对社会的影响与作用机制，或者脱离其所在的技术系统与技术细节，将算法作为社会生成的"人工器物"，忽视算法的技术特性而进行主观能动性的解读。所以需要重新建立分析算法的研究框架，在实证层面针对算法模型的技术设计、算法实践的过程重新确立算法的意涵。

　　同时，目前从研究算法的路径来看，缺少实证性经验研究案例，算法这一"人技混合体"基本没有摆脱个体行动者或者集体行动者的心理过程。算法的自主性决策究竟处于何种程度？人为参与的算法运行规则体现在哪些方面，又受到哪些因素的影响？算法的设计者、应用者与技术参数是如何互动的？算法发挥塑造网络空间规则的功能性过程中又受到组织内外部环境怎样的影响？算法的制度性特征如何形成与扩散，如何承担制度传递的角色？需要深入算法所在的技术系统及所在组织的角度来审视算法的社会意义，从组织的内部挖掘算法的技术性特征与功能性特征如何参与意义创造与符号建构。

因此，算法实践是持续的"社会实验过程"，动态展示技术—人—组织互动的关键性变量，经历持续制度化、社会驯化的过程，成为技术—社会组合体，具有技术物化特征（material properties），也具有组织制度属性与社会属性。算法成为组织内外行动者通过计算方式组合和组织起来的实践，影响着组织的技术属性与社会属性相互匹配程度。既不能夸大算法实践对组织、个体行为的影响，也不能忽视人的能动性对算法实践的建构过程。

第三章　研究方法与主要研究活动

　　本章主要介绍本研究采取的实地研究方法与研究过程中的设计、实施和执行感悟，并介绍整个研究所涉及的具体活动。笔者遵循社会学民族志方法的研究传统，开展了为期 6 个月的实地参与式观察，共撰写田野日记 50 篇，总字数 3 万左右；定性深入访谈总数达 67 人次；全部定性访谈资料均得到了完整地转录、编码，全部整理下来有约 20 万字。此外，笔者还对普通用户发放了调查问卷，共回收有效问卷 1329 份。下面我们就一一进行详细阐述。

一　试调查：如何理解算法工程师的"编码世界"

　　在实际研究过程中，如果想要彻底了解平台用户最经常遇到的许多重要算法，以及它们如何（重新）塑造人们执行任务或接收服务的方式，就需要审查它们的源代码。但是，出于商业机密的考虑，以及信息不对称的原因，研究者很难与商业公司的编码团队进行协商，现场观察他们的工作，询问程序员或分析他们生成的源代码。而且，本书的研究重点是了解算法实践如何作用于更广泛的社会技术因素（如监管和法律框架、制度安排、经济商业模式，以及用户预期和市场需求），研究目的是梳理出各种算法实践中相关社会行动主体如何互动的过程，揭示算法实践背后的故事。因此，当笔者真正打算研究算法实践时，决定先采用民族志方法，以项目合作实习生的身份进入 K 平台研发线的内容理解中台（2020 年 9 月 17 日正式入职，实习期一共 6 个月），进行参与式观察，与算法工程师、算法模型训练人员面对面互动，一边学习他们的技术流程，一边参与式观察其编写代码过程，不断询问每个技术细节的含义。

经过 4 个月的田野调查，对 K 平台算法实践的技术实现过程进行了初步判断，总体来讲，当用户开始上传内容，用户与内容就必须按照有序的、标准化的数据形式而存在，按照一系列特定的算法实践对用户及内容进行编码、识别、分类、排序，从而成为有序空间的一部分，对"人与内容""人与人"建立起不同意义的连接。即内容生产者—平台—内容消费者的连接依靠强大的 AI 技术体系进行算法识别、分类、排序进而实现匹配。

笔者通过持续与算法工程师进行对话，了解了 K 平台的技术系统架构，通过参与观察算法工程师从清洗数据、对数据打标签，利用何种算法建立、训练模型，a/b 测试模型的准确度、精准度等指标，不断调适参数一直到上线后观测哪些考核指标的变化等，逐渐进入了他们的"编码世界"，理解算法设计、应用过程中的含义。尤其对 K 平台信息分发的核心技术系统——推荐系统（reco）的架构与工作流程展开了初步的归纳。

1. 深度了解 K 平台01：K 平台的推荐系统架构

K 平台的推荐系统架构包含两大部分，第一部分是数据部分，工程师需要面对推荐系统的数据处理，主要是"用户""内容""场景"的信息收集和处理，用户在 K 平台注册个人信息及上传制作内容或者消费内容的过程中，K 平台利用在线实时、离线数据平台对原始数据收集和处理，加工过的数据会作为样本数据用于算法模型形成训练和评估，也会生成推荐算法模型形成在线推荐所需要的"特征"；第二部分是推荐算法模型部分，采用多种召回算法从海量的内容候选集中召回用户可能感兴趣的内容，然后排序算法对召回的内容进行多目标策略排序，最后根据 K 平台业务目标及运营需求形成最终的推荐列表，推荐给用户。所以完成个性化推荐需要一整套技术体系才能实现用户与内容的有效连接，这一技术体系需要三个方面来组成：数据、算法、架构。

　　数据为个性化推荐技术提供了信息，决定了算法的上限。数据储存了用户与内容的属性、用户与内容交互过程中的行为偏好等，这些数据特征直接影响算法处理逻辑；算法是实现个性化推荐技术的引擎，是整个技术体系设计、应用过程中最重要的信息处理逻辑。因为通过数据的不断积累，储存了海量信息与维度，需要基于一套复杂的信息处理逻辑实现推荐即用机器学习（深度学习、强化学习）算法（以下简称推荐算法）实现人与内容的连接。

　　推荐系统架构保证个性化推荐技术实现的自动化与实时性运行。架构包括从用户请求（比如，点击内容，评论、转发等）、收集信息、处理和储存用户数据、推荐算法的运算到返回给用户推荐结果等一系列流程。个性化推荐技术的实时性、自动化程度越高，推荐系统架构就会越复杂。

　　从个性化推荐技术得以实现的全过程来看，数据部分是推荐算法模型得以运行的"水源"，对数据的处理经过特征工程（数据转化为特征向量），才能被机器学习算法模型学习，而表达数据的特征工程决定推荐算法的上限。将原始数据进行特征处理形成推荐系统训练和推断的特征向量的过程体现了算法工程师对业务场景的深刻理解，只有经过原始数据转化为特征向量的技术环节，才能构建有价值的推荐算法模型。

　　从推荐算法模型部分来看，经过召回和排序以及运营规则一系列过程，采用不同的算法模型及策略对用户的请求进行量化，对内容进行筛选和排序，将最后的推荐内容反馈给用户。

　　2. 深度了解 K 平台02：K 平台推荐算法的核心流程

　　接下来的问题便是，K 平台的推荐算法又是如何实践的呢？也就是说，算法实践是如何对内容进行分类、排序，并最终推荐给用户的？从笔者田野观察所获信息来看，K 平台主要是根据用户（消费者）的兴趣偏好/行为反馈来进行预测分析，并对内容生产者上传的内容进行效率匹配。具体可分为召回、排序、业务规则强插等环节。

（1）召回算法阶段

运用多种召回算法从千万量级的视频里选出几千到万量级，主要召回策略分为兴趣推荐、社交推荐、基于场景/上下文推荐。①兴趣推荐：热门/精品推荐；itemCF（我看了什么给我推荐相似的内容）；userCF（和我兴趣差不多的人，他们喜欢哪些视频我没看过的推给我）；基于内容的推荐（短视频领域基于 CNN 深度学习理解视频的类目标签/作者标题/评论/封面字幕等抽出关键词做推荐）；还有 K 平台语境下原声/魔表（音乐/动画等内容理解的一个维度）；基于用户搜索关键词做推荐；等等。②社交推荐：动态——我关注的人动态（最近干了什么/看了什么推给我）；Pymk（通讯录好友/微信好友）；二度关注（我关注的人关注了什么推给我）；粉丝作品推给我（我可能回关，产生一对社交关系）。③基于场景/上下文推荐：地域；手机型号（比如苹果手机会收到苹果手机使用的技巧推荐）；节假日（比如国庆节、节日运营）。

（2）排序算法阶段

经过粗排、精排、重排三阶段将万量级的视频减少到百/千量级，算法策略是考虑多目标进行排序，根据用户的参与度（点击率、观看时长、长播率、短播率等）、满意度（点赞率、关注率、评论率、转发率等）、负向度（hate 率、低观感分、诱导赞/关注分）等，最终设计成一个排序分。

（3）根据推荐系统的结果加入人工规则的强插视频

加入商业广告、粉丝头条、内部投放广告、关系链好友视频、直播等进行混排，最终推给用户 10 个视频。其中，每个阶段都会有人工规则逻辑的过滤策略，比如召回阶段针对一些敏感用户去除劣质视频，排序的时候可以作为特征，匹配用户。

了解 K 平台个性化推荐技术流程（见图 3-1），发现算法实践中识别、分类过滤、召回内容、排序、推荐等一系列操作背后，各个环节都有业务指标的考核，从业务指标考核中发现平台公司的商业利益考量、社区内容生态规划、文化价值观的渗入，甚至是外部制度环境的压力。比如，最终推给用户的短视频内容，用户兴趣程度很重要，利用各个维度的指标来计算用户的需求偏好，但是每次给用户推荐的内容里都会有广告的植入，还有政策性内容的强插，平台也会根据 K 平台内容生产者的生产调性对算法推荐的内容进行干预，内容审核时也有特定规则导向，什么样的内容可以算法分发，什么时候算法分发中止，甚至是不被推荐。算法实践虽然看似是自主性、智能化的系统运作，但是在运行过程中衡量了多方主体的利益诉求，而且人为操作、更改参数设置、对推荐系统所输出的预测结果进行重新排序的业务逻辑时刻都有发生。所以需要进一步了解算法设计、运行、优化背后的规则、价值观、利益衡量。

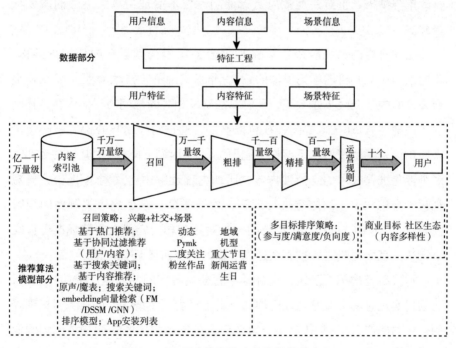

图 3-1　K 平台推荐算法实践的技术流程

于是，笔者打算重新梳理 K 平台作为一家平台公司的商业模式、产品价值观、用户属性（内容生产者、内容消费者）、制度环境、市场竞争性等方面信息，观测有哪些社会行动主体共同影响了算法实践的建构，在田野观察算法工程师的技术操作工程之后，采取访谈方法，进入正式的研究阶段。

二 正式研究的四个阶段及其主要活动

正式研究的第一阶段：从公开出版物和媒体采访、会议中收集 K 平台公司研发、应用 AI 算法的历史资料，了解 K 平台公司的商业模式、产品价值观以及技术实践特性等背景性信息；同时，了解平台外部的网信办、国家新闻出版广电总局、公安局等政府监管部门最新的互联网内容监管政策与举措，重点关注政府监管部门对技术治理与算法治理的态度与措施。

正式研究的第二阶段：了解 K 平台公司短视频平台内部组织架构、不同部门对核心机器学习算法的正式/非正式规范与技术流程。深入 K 平台公司的内部在线工作系统，了解算法研发相关的部门与工作内容，其确立了关键核心 AI 技术部门：社科推荐部，通过对技术核心部门核心负责人的访谈，了解技术体系架构与流程；同时了解技术过程中其他关键部门对个性化推荐技术的支持性内容，比如内容理解中台（对 K 平台公司短视频平台用户生产的内容进行理解，为推荐算法模型提供关键性内容特征）；内容运营、审核和风控部门（针对用户和内容建立审核标准进行安全审核，直接影响进入推荐候选内容库的内容质量）。

正式研究的第三阶段：了解 K 平台公司各部门共同联动的应用项目，在项目实施过程中观察各部门彼此互动的过程及围绕各自的业务目标展开的合作与磋商，反观 AI 算法应用受到哪些行动主体的影响与各部门的业务目标与规则。

正式研究的第四阶段：访谈平台 App 的使用者，具体包括普通观看用户对个性化推荐系统的体验与感受；专业内容生产者（政府官方媒体、网红）对 K 平台个性化推荐机制的认知与操作；广告商对个性化推荐技术的应用与策略等。研究所涉及的信息提供者相关情况如表 3-1 所示。

表 3-1 参与式观察与访谈研究所涉及的研究对象情况简介

平台内部核心部门	产品策略组/内容运营/政府公共关系	内容理解中台	内容审核/风控	社科推荐部	商业化部门	用户体验中心（数据分析/用户研究）
算法工程师		5 人	3 人	5 人	3 人	
技术团队负责人	5 人	2 人	1 人	2 人	3 人	
中层管理者	5 人	1 人	2 人	1 人	1 人	2 人
平台外部	政府监管部门（网信办）	行业竞争公司/同类型平台	内容生产者（内容运营部门介绍）	内容观看者 通过平台用户体验中心发放主观满意度问卷：有效问卷 1329 份		
访谈对象	2 人	2 人	网红/电商/广告主（10 人）：对平台算法推荐机制的认知与互动程度	根据用户体验中心的用户主观反馈，线下对 App 用户进行深入了解：算法的认知，平台界面使用感受等（12 人）		

三 小结

从进入算法工程师的编码世界，到反思算法实践背后的结构性力量与人类的主观能动性，每一次参与式观察与访谈交流中，笔者都试图理解"算法是什么"，不同社会行动主体是如何转译，又如何在自己的实践情境下主动、被动地参与到算法实践中来。笔者秉承社会学研究的学术伦理，设身处地地理解受访者的话语逻辑，比如理解算法工程师的技术语言，如何将其转化为通俗语言、不断反思其各种技术细节操作的原因与主观意识。这对于不从事编码活动的自己来说是个不小的挑战，和算法工程师对话时最大的难点在于理解技术语言的社会性含义，与算法工程师的沟通经常会陷入困境，比如，针对他们口中各种技术指标，笔者只有不断询问，在持续的交流中加以理解，他们电脑屏幕上的一行行代码、每一个步骤操作，笔者都会做好笔记，在征询他们同意后，截图保存，消化吸收。在研究中也发现，与运营人员、管理人员打交道反而更顺畅，询问他们眼中的算法，更具有"人情味"，用他们自己的话说，技术人员会说一些晦涩难懂的话来保持专业性，但是技术的逻辑永远是为了业务目的而服务，"老板想要哪个业务指标提升，我们就得重点关注算法模型训练朝着哪个方向努力"。

在搜集不同业务部门的算法实践过程中，也遇到很多阻碍，比如笔者以项目实习生的身份进入 K 平台组织内部的工作系统后台，经常因为权限问题，看不到核心部门文件与数据代码，而且如果携带结构性问题进行正式访谈，部分部门的管理人员或者运营人员就会保持一种警觉，跨部门的"越界"成为禁忌。遇到这种困难，笔者只能通过"闲谈"的方式，比如午饭、晚饭时间一起闲聊，尽可能搜集更多的有效信息。因为对于"受访者"这个角色，组织内的工作人员会保持警觉，害怕会泄露公司机密影响他们的职业发展，但是当笔者的角色是同公司的"同事"时，聊天气氛就会缓和很多，在他们眼里，只要沟通的场景和角色变换，没有录音/文字的记录，就不算泄露公司机密。每次"闲谈"获取的有效信息，笔者都会第一时间做好田野观察笔记。

在组织里做调查的便捷之处是如果不触碰组织内部的信息，能够迅速获得资源支持，比如，当笔者头疼如何进行小规模普遍意义的用户调查时，通过内容运营部门的同事，联系到平台的内容生产者，获取他们的相关信息，询问他们接受访谈的意愿后，迅速开展多次线上与实地的访谈；同时，借助部门同事正在做的调研项目，将笔者的研究问题设计成问卷问题，通过 K 平台的官方渠道进行规模化的问卷发放。这对于笔者来说，可迅速了解到平台用户对算法的认知与体验，同时给予笔者真正接触普通用户的机会，不用滚雪球式联系访谈对象，整体缩短了笔者研究收集材料的时间。

6 个月的田野调查，看似时间很短，但是凭借组织内部的角色位置，能够获取一手真实的资料，甚至是一些内部关键性信息（不公开），参与式观察和访谈算法工程师 16 人，技术团队负责人 13 人，中层管理人员 12 人，组织外部人员 4 人（政府监管部门 2 人，竞争性平台 2 人），内容生产者 10 人，内容消费者问卷有效发放 1329 份，深度访谈 12 人。具体访谈人员情况见附录 1，问卷见附录 2。

　　在与不同社会行动者互动的过程中，描绘他们眼中的"算法"是什么，理解他们对 K 平台算法的认知与实践策略有哪些差异？用户至上的平台企业真正了解用户的诉求，真正将用户的诉求转化到算法实践中了吗？平台的产品价值观、商业利益如何渗入算法实践中去？普通用户又有哪些算法认知影响了平台的算法实践？这些研究细节都在不断解构算法实践，了解算法实践的动态性，感受不同社会性力量的平衡与博弈。在实证研究中，笔者努力描述组织—技术—人互动故事，观测这一社会实践的动态过程。

第四章　K 平台的"普惠"产品价值观与算法实践逻辑

　　本章首先探讨互联网平台公司开发、设计和应用算法的整个社会发展环境。其次，通过与 K 平台的竞争对手——D 平台——的算法实践逻辑进行案例对比分析，我们也试图探寻算法实践背后所隐藏的、支持行动意义的观念体系，由此展现不同平台公司的产品价值观对算法实践的规范化塑造过程。具体来说，本章试图回答这样一个问题：为什么在不同的平台公司，将算法应用于信息分发后，其实践逻辑会有所不同？对这一问题的详细阐释，实际上涉及两个相互关联的解释焦点：首先，不同的平台公司，将会赋予算法怎样的特定解释框架与规则；其次，不同的平台公司，将会赋予算法什么样的特定共享意义。

　　对上述两个解释焦点做进一步的解析，最终都将归结到这样一个基本的理论出发点：算法实践将不可避免地受到组织制度属性——尤其是特定平台本身所持的价值观——的巨大影响。算法实践作为一种强大的力量决定"谁"的信息能够被看到，谁的声音能被听到，什么样的内容能在平台中呈现，以及如何呈现（呈现的偏好）。所有这一切，都在特定的产品技术设计中，透过算法实践表达着特有的价值观倾向。

　　研究显示，K 平台作为信息分发平台，围绕其特色的"普惠"产品价值观，算法实践下的内容可见性是公平、机会均等的，即平台公司提供给不同用户相对公平展示内容的机会。因此，平台公司的算法实践提供了一个差异化信息呈现的空间，在内容分发的整个过程中，给予了多主体利益博弈的可能性——不同社会行动者可以同时干预内容的排序逻辑。算法分发信息后的内容流不再受时空限制，不再仅仅是传统媒体或权威编辑的权力体现，而更多的是要与内容生产、审核和分发整个链条中所涉及的不同利益主体的需求相匹配。

一　信息分发平台与内容流

2014年春，K平台的推荐算法上线，K平台App下载量迅速上涨。到当年7月，K平台的日活用户就突破了百万，而到2015年1月则轻松破了千万。截至2020年上半年，K平台平均日活跃用户2.6亿人、平均月活跃用户4.8亿人。K平台科技创始人C某指出，K平台是一个连接器，连接每一个人，尤其是容易被忽略的大多数人。K平台提供了一个展现普通人生活的平台。K平台的产品定位是给予普通人展示生活的平台。

> 我们不能与微信、QQ竞争（不做即时通信）；绕开微博"解决明星与粉丝互动需求"的道路；最恰当的产品定位就是"关注普通人"。（K平台产品部某团队负责人，访谈时间20201017）

2014年，K平台从制作GIF工具软件，转型为依赖个性化推荐算法分发短视频的社区，这无疑是众多内容平台中颇具"独特性"的存在：相比于传统互联网内容平台依托人工编辑对内容质量、审美、专业性的把关（比如天涯、BBS等平台非常类似于纸媒，只有编辑觉得哪些内容可以呈现时，他们才会推荐上头条，或至少做到排版靠前），K平台利用算法分发内容，极大地迎合了用户个性化的内容需求；而且与主要依靠关键意见领袖（KOL）和网红博主形成头部流量势能的平台（比如微博）相比，它给予了普通用户发声的空间，从而带动了普通用户生产内容（UGC）的热情。此外，K平台的用户不需要高学历、专业知识的产出（这些是知乎、豆瓣这一类平台的专长）。K 平台利用 AI 算法"赋能"内容生产者进行内容创作，实际上还降低了普通用户生产内容的门槛。

也就是说，算法分发信息平台通过开展算法实践，围绕内容的生产、审核和分发，建立了内容传播的整个链条。内容生产者逐步"降维"，降低内容生产成本，越来越多人获得创作权力；内容分发获得"升级"，随着算法的介入、分发效率的提升，同样时间可处置更多的内容，并能将内容精准推荐给用户。内容呈现是流动的，不再像报纸、电视、PC 端版面那样，以"块"为基本单位固定地排版展现内容。利用算法分发的 App，内容呈现方式是"内容流"——刷手机时，内容就像瀑布流一样，随着内容生产者持续上传、内容呈现与用户的行为交互，内容流随时动态变化，极大提升了信息传播效率的同时，也使得内容流的排序逻辑变得复杂。图 4-1 大致给出了 K 平台从内容生产、内容分发到内容消费的基本流程。

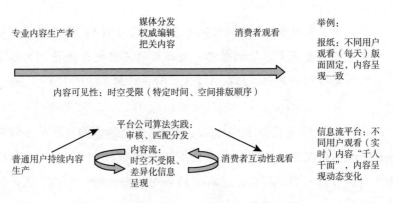

图 4-1 传统媒体与信息分发平台特点对比

资料来源：笔者手绘整理。

内容流的核心就是排序逻辑。谁是头条，谁是二条，谁是三条……以及谁为什么是头条，谁为什么是二条，谁为什么是三条。面对浩瀚如烟海的内容源（也即内容生产者的持续上传），呈现在每位用户面前的内容和排序都不一样。算法分发内容的任务就是对用户"应知、欲知而未知"的判断。"应知"是算法实践在内容流中让所有用户都能观看到的内容（有平台权力/利益等考量），"欲知而未知"是算法实践根据用户属性、行为历史痕迹与内容生产者上传的内容进行匹配，预测、判断用户喜好、可能想看到的内容。算法分发内容的背后皆为人，内容源头由内容生产者控制，内容审核和分发则由平台公司的算法逻辑控制——由此形成用户与内容的匹配，用户的反馈信号决定内容匹配的效果，于是内容在生产、分发和反馈中流动起来，不仅仅是传统媒体意义上的人工编辑具有决定权。这也意味着平台公司开展算法实践过程中，将有多个主体被纳入进来：其中，内容生产者负责提供内容，内容消费者负责提供行为反馈，平台公司则凭借特定的价值与利益需求开展算法实践，对信息进行匹配，对内容进行排序……在这个过程中，相关利益主体随时可以干预内容的排序逻辑。平台公司维系内容生态的平衡，就是要在开展算法实践的过程中维系各主体的利益平衡。当内容生产者生产内容的数量、质量和形态等指标，与内容消费者的需求完全匹配时，就形成了稳定的内容生态。这是所有内容信息分发平台隐含的内在追求和终极目标。

无疑，K平台一出现就成为智能化信息分发的平台代表，而AI算法则成为信息分发效率提升的利器。K平台的算法实践，如何影响内容流的排序逻辑，是本章需要解释的问题。因此，在我们试图剖析K平台算法实践的特性之前，有必要回望一下，为什么推荐算法能成为K平台这样的互联网公司的技术引擎。

（一）平台公司算法实践的商业逻辑

个性化推荐算法的商业化，源于互联网公司挖掘长尾"金矿"的商业动力，这是互联网公司应对体验经济时代的到来而升级其盈利模式的举措。体验经济意味着用户体验为第一要义，用户对产品属性的个性化需求更强，促使互联网企业盈利模式的转变，开始关注"长尾"收益。

传统的企业盈利模式关注的是消费20%商品带来80%收益的客户群

体，即典型的 2/8 法则。而互联网企业则大胆地针对长尾收益打造盈利模式，典型的成功案例如谷歌的长尾广告、亚马逊的长尾商品，都创造了巨大的利润与销售额。具体来看，电子商务公司亚马逊致力于挖掘长尾商品的潜力，销量不高的冷门图书，可以和热门图书的市场份额相当，甚至更大。克里斯·安德森在《长尾理论》[①] 一书中曾提到，亚马逊公司如何利用推荐算法，将冷门图书推荐给感兴趣的读者，并获得了销量的提升。1988 年，乔·辛普森写了一本登山类书籍《触及巅峰》，但销量一直平平。10 年后，另一本讲述登山灾难的书《进入稀薄空气》引起了美国出版业的轰动。亚马逊发现有读者在评价《进入稀薄空气》时提到了《触及巅峰》，同时给出了高评价，于是亚马逊的推荐算法将《触及巅峰》推荐给了《进入稀薄空气》的深度读者。很快，《触及巅峰》在经历十年的惨淡销售后，获得了巨大的成功。推荐算法在充分考虑用户的阅读行为轨迹、个人的属性特征（比如性别、年龄甚至是手机型号、地理位置）后对内容进行推荐，这种对用户个人化的兴趣探索，直接刺激了各大公司对长尾效应的深入挖掘，而对长尾效应的挖掘离不开个性化推荐算法"千人千面"的展示能力。再比如，YouTube 作为全球最大的 UGC 视频分享平台，其搭建的推荐系统的优化目标就是提高用户的观看时长：推荐算法模型预测用户观看某候选视频的时长，再按照预测时长进行排序，最终形成推荐列表推荐给用户（Covington，Adams，and Sargin，2016）。YouTube 作为以广告为主要收入来源的公司，其商业利益建立在用户的观看时长之上。由于用户的总观看时长与广告的总曝光机会成正比，因此只有增加广告的曝光量，才能实现公司利润的增长。

同样，国内的电商平台阿里巴巴的推荐系统也在驱动商品成交额的提

---

① 长尾理论的提出，是网络时代兴起的一种新理论，最初由美国《连线》（*Wired*）杂志总编辑克里斯·安德森于 2004 年发表，该理论直接打破了传统的二八法则：由于成本和效率的因素，当商品储存流通展示的场地和渠道足够宽广，商品生产成本急剧下降以至于个人都可以进行生产，并且商品的销售成本急剧降低时，几乎任何以前看似需求极低的产品，只要有卖，都会有人买。

升：2019 年天猫双十一成交额为 2684 亿元，2020 年天猫双十一成交额更是创纪录地达到了 4982 亿元。阿里巴巴"千人千面"的推荐系统，真正实现了首页所有元素的个性化推荐；而天猫的推荐系统，不仅为不同的用户推荐不同品类的商品，还根据用户的特点生成相同品类的不同缩略图。这背后的一切，都是以提高商品转化率（从点击到最终下单）、点击率为核心的推荐算法所推动的。如果推荐系统的某个算法模型迭代能将平台整体的商品转化率提升 1 个百分点，那么在 4982 亿元成交额的基础上，增加的成交额将达到 49.82 亿元。也就是说，算法工程师仅通过优化推荐算法，就创造了 49.82 亿元的价值。从 2015 年开始，以今日头条为首的个性化新闻类应用，更是击败传统的门户网站和新闻类应用，成为用户获取资源的最主要方式。

所以，从互联网公司的角度来说，推荐算法助推互联网公司的产品销售，最大限度吸引用户，留存用户，增强用户黏性，提升用户转化率，从而实现公司商业目标的连续增长。这一背景解释了为什么互联网公司纷纷拥抱个性化推荐算法，常常将公司的技术比作满足用户的个性化需求、提升用户体验的强力引擎。"算法更懂你"的实质，是消解人们对机器主宰生活的恐惧。互联网公司利用算法给用户搭建了一个多样化的信息体验空间，在这个空间内，用户既可以生产也可以消费——用户既可以作为内容生产者进行资源分享/变现，同样也可以作为消费者享受多样化的内容消磨时间。而平台利用算法提高了内容分发效率后，加快了用户增长与商业化的步伐。体验经济中的自动化技术成就了强大的平台，推荐系统几乎成为驱动互联网所有应用领域的核心技术系统，因此，推荐算法也当之无愧地成为当今助推互联网发展的强劲引擎。

（二）内容生产逻辑：数字化生活的自我呈现与分享

个性化推荐算法得以实现的前提，是有更多的内容生产者持续地对平台输入内容。因为个性化推荐算法商业化的前提，是数据的积累，即用户画像与内容画像的多维塑造。没有数据，算法拿什么去"算"呢？数据的积累意味着让用户愿意将个人的数据与内容，主动地贡献给平台。

首先这就涉及了互联网 web2.0 的交互性，正是这种交互性给用户构建了分享、交流、共享资源的网络环境。用户不仅仅是观众，还成为互联网平台的数据提供者，以及内容的生产者和供应者。这不仅意味着数据生产规模的扩大，也意味着内容生产实现了从专业化到社会化的转变。用户生产内容规模的扩大，为互联网平台持续输入了多样且异质化的内容，也只有这样，推荐算法才会有持续的水源——数据——用于计算。

因此，技术革新需要内容服务以实现价值回收，而价值也并不仅仅由技术创造，而是由使用者、技术以及使用目的之间相互作用共同创造的。一方面，用户生产内容的动力来源于数字化生活的自我呈现：无论哪家拥有庞大用户基础的互联网公司，都会美化自身，将自己看作能够为用户提供分享个人生活、促进社交参与公共生活和提供共享资源等诸多机会的平台，将数字化的日常生活描述得异常精彩与浪漫，增加了用户主动生产内容的获益期待。在互联网平台上，用户自我呈现的是"精心设计"过的"理想自我"。正是通过此类分享过程，用户心中因自我被重视、被认可、被崇拜而产生的满足感才得以提升。另一方面，平台降低了内容生产者生产内容的技术门槛，缩减了用户生产内容的成本：举例来说，在设备层面，随着智能手机普及率的提高，用户内容生产的技术成本逐渐降低。截至 2020 年 6 月，中国网民规模达 9.4 亿，而手机网民规模达 9.32 亿，占比超过 99%。[①] 这意味着在中国，即使是普通用户，都具备直接参与内容生产的可能性。

用户作为内容生产者，基本上算是一类非专业、非雇佣、非固定工作的个体角色。内容生产是个体的主动行为，内容生产者与平台的关系，也不是专业生产者与雇主的关系；同时，个体完成当前的一项生产性任务（比如录制一段短视频），比过去从事一项专业生产性任务（比如录制栏

---

① 参见中国互联网络信息中心 2020 年 9 月 29 日，在北京发布第 46 次《中国互联网络发展状况统计报告》。

目）所需要的专业技能低得多。另外，平台也会采取多种激励手段，鼓励用户主动生产内容，并提供技术支持工具箱（如特效、音乐、创意模板等）。这种内容生产逻辑使普通人适度努力就生产出一个像样的内容产品成为可能，从而降低了从事内容生产的技能门槛，促进用户主动生产内容，主动贡献多样化的内容。多样化的内容涌入平台之后，如何进行内容分发，如何将用户生产的内容加以个性化的呈现，变成了驱动推荐系统不断进化、推荐算法不断迭代的动力所在。

（三）用户需求逻辑：面对信息过载主动搜索不如被动推荐

从用户需求的角度来看，面对互联网内容的爆炸式增长，如此海量的信息人们该如何选择呢？因此，如何从海量数据中快速挖掘用户感兴趣的产品，帮助用户做出最终的选择，便成了推动推荐系统及算法发展的用户需求逻辑。因为用户对长尾内容是很陌生的，无法主动搜索，只有通过推荐引起用户的注意，挖掘用户的兴趣，帮助用户做出最终的选择。对于用户而言，他们自己的需求往往并不明确，或者他们的需求很难用简单的关键字来表述，又或者他们需要更加符合个人口味和喜好的结果，因此，推荐系统的出现，实际上是将用户的兴趣与一个特定的内容结构紧密地勾连起来。

对于推荐系统和支撑它们的基础性算法来说，它们所利用的恰恰是人类认知的偏差与惰性：人们倾向于接受与自己立场相符的观点，因而这一接受过程，实际上强化了他们自身的固有观念；他们还通过攻击和无视与自己相左的观点，从而避免自己的固有观念受到冲击。因为人的思维都是有惰性的，当看到与自己的想法相似的观点时，会自然而然很轻松地接受。对于互联网公司来说，用户体验关乎产品的生死存亡。产品经理们为了避免用户流失，都开始想方设法去了解用户偏好，投其所好。好的个性化推荐算法，是吸引和留住客户群的成本最低且相当有效的做法。

二 K 平台的"普惠"产品价值观如何
影响算法分发逻辑？

推荐算法以及建基于其上的技术系统，被各大互联网公司广泛应用，预示着算法实践的开展，离不开平台组织中用户数据积累、技术基础设施铺设和经济社会文化发展环境的支持，这充分说明，算法实践的开展是多方主体互动的结果。那么，不同平台公司的算法实践逻辑是否一样呢？如果不同算法都会作为提高信息分发效率的引擎，不同社会行动主体的利益如何权衡？为什么算法在各大互联网公司的研发和应用过程中会产生如此差异化的社会性后果，其呈现的内容生态也是如此的各不相同？在内容生产、审核、分发的整个传播链条中，信息分发平台的算法实践又如何决定什么样的内容可见，什么样的内容不可见呢？不同行动主体的利益考量和分配比例（也即算法实践下的内容流）呈现什么样的核心差异？本书研究发现，不同互联网平台的算法实践，其背后隐藏的都是支持行动意义的观念体系在发挥作用这样一个事实：机器学习什么样的规则，输入什么样的数据进行计算，所有这一切都受到人类的规则指导。

算法模型如何产生预测作用，不仅仅取决于算法工程师选择什么数据，应用什么算法，还取决于算法想要解决什么问题，也就是必须围绕平台的业务目标来展开。（K 平台算法工程师受访者C，访谈时间20201013）

特定的组织情境会塑造组织行动者，行动者的任何技术操作（不管是设计、使用、修改还是抵制）都会受到组织情境的制度属性影响。正如计算机历史学家迈克尔·马奥尼所说，软件总是"以行动为中心构建的，程序员的目标是使事情发生"（Mahoney，1988）。在算法模型的技术构建过程中，人们面对的是概率性的预测，只是在算法实践过程中，如何设计是围绕需要解决的业务问题而展开的。

算法工程师身在组织内部，他们在设计算法模型、调整参数和搭建技术系统的技术细节里，所融入的都是所在组织的文化与理念。任何编码技术都不能忽视文化的重要性（Berry，2011），而算法工程师对算法的理解，与建立在该理解基础之上的算法实践，首先依据的都是其所在组织内部的文化价值体系。按照 Williams R.（1985）的理解，"文化"是指在特定的生活方式中隐含并得到明确的意义和价值观。技术是文化的组成部分，而不是与之分离的（Slack & Wise，2002）。文化对于我们理解算法来说很重要，因为它们是内在地相互交织和共同构成的（Pickering，1995；Slack & Wise，2002；Williams，2005）。

所以从"设计中的价值观"这一角度（Flanagan &Nissenbaum，2014）来看，一切设计的出发点，恰恰是产品的底层价值观。具体来看，产品的价值观涉及设计理念、技术流程规则、产品模式设置（展示形式、交互模式等）、产品调性（用户群体定位）等多个方面和维度，这些具体的方面和维度都影响着算法实践的逻辑，特别是推荐算法关于内容的分发逻辑。

如果我们对比分析 K 平台及其竞争性平台——D 平台——就会发现，两个内容平台都凭借算法进行内容分发，但其分发内容的算法逻辑却不相同，根本的原因在于产品的价值观存在差异。在接下来的叙述中，本书将通过案例对比研究的方法，对 K 平台与 D 平台的算法实践进行剖析，观测不同产品的价值观如何影响算法实践的逻辑。

（一）内容可见性：差异化的产品价值观

1. K 平台："看见每一种生活"

K 平台算法实践的底层逻辑是由其产品基因决定的，而其产品基因则受到企业 CEO 及高层团队价值观的影响。K 平台 CEO S 某曾在公开媒体上表示，K 平台的产品价值观是"普惠"的，K 平台注重内容生产者的公平性成长空间，希望每一位内容创作者生产的内容都获得公平的注意力资源，所以注意力资源要普惠平等，因为注意力资源的普惠决定幸福感。

　　幸福感的来源有一个核心问题，即资源是怎么分配的。互联网的核心资源是注意力，作为一种资源、一种能量，能够像阳光一样洒到更多人身上，而不是像聚光灯一样聚焦到少数人身上，这是 K 平台背后的一条简单的思路。……我们非常在乎所有人的感受，特别是那些被忽视的大多数。（S 某，《K 平台是什么》）

　　K 平台另一位联合创始人 C 某说："K 平台不是为明星存在的，也不是为大 V 存在的，而是为最普通的用户存在的。"从 K 平台最初的品牌口号"看见每一种生活"，到现在的"拥抱每一种生活"，充分彰显了企业文化和产品价值观导向。K 平台期待用户的充分参与，每一种生活都值得被记录。所以，K 平台算法的底层逻辑是 AI 技术对注意力资源的普惠式分配。K 平台希望通过技术搭建跨越"注意力鸿沟"的平台，给予每个人记录生活的机会。最早投资 K 平台的风投人 Z 某也曾经如此表达："当一个创作者在这里得到这么多认同和尊重时，他是不会轻易选择离开的，这种良好的社区氛围一直在带动 K 平台成长。"因此，K 平台的普惠价值观影响着 K 平台算法体系对流量的分配逻辑：给予普通人更多被看见的机会，给长尾用户更多的普惠流量，增加曝光的机会。由于 K 平台不断激励普通作者，其带动了更多人创作作品。

　　2. D 平台："记录美好生活"

　　D 平台的产品价值观是"记录美好生活"，"美好"意味着 D 平台更加注重内容质量，而非 K 平台给予内容创作者的公平机会。D 平台算法在识别、分发和推荐内容时的核心逻辑是"优胜劣汰"，给优质内容的权重更高，更为注重内容的质量。

　　D 平台最早专注于打造年轻人音乐短视频分享社区。从一开始，D 平台就只做高清视频+高清音频的录制与分享，用户可以通过选择潮流音乐，搭配舞蹈表演、剧本模仿、才艺表现、情感表达、技能分享、生活记录等形式打造酷炫感、潮流感较强的内容趋势，通过流量明星的引导入驻，拉动提升内容制作的层次与审美水平。正如D平台的CEO Z某说：

　　　　遇到生命中那些美好瞬间的时候，可以抓住它、分享它，让大家的"美好"都能流动起来，让爱在彼此之间流动，让人们的生活变得越来越阳光，越来越幸福美好。（D平台发布"美好生活"计划，2018年3月19日）

（二）算法实践逻辑：公平与效率

1. K平台的算法实践注重公平：避免注意力资源的两极分化

　　如上所述，K平台的崛起，离不开企业所持的普惠产品价值观，正是在这一产品价值观的支撑下，借助当时大部分内容平台并没有将注意力投向下沉市场，下沉市场人群的创作内容缺乏展示机会的大背景，其获得了飞速成长的机会。由于审美鸿沟的存在，普通人的生活一直被主流内容平台边缘化，K平台适时地展现出了对用户的出身以及其所生产的内容质量的足够包容：只要不违反法律法规，都能被推荐算法分发。K平台用户所生产的内容，其被推荐的门槛较低，用户创作的内容能得到更加平等的展现，恰好满足了更多的一般内容创作者展示自我、获得关注和承认的动机需要。

　　从具体的算法执行过程来看，K平台的内容流所呈现的内容更注重公平，给予每位内容生产者相对较均等的机会展示其内容。算法在进行内容分发时，会引入"基尼系数调控"，将平台各类内容曝光量占比的"贫富差距"控制在一定范围内。具体而言，就是热门的内容会有热度阈值，到了一定阈值后它的曝光机会将不断降低，而没有热度的内容仍然有一定的曝光量，可以在整个内容流里获得公平展示的机会。对于用户来讲，每位用户所获得的信息流，其所呈现的内容生态不仅仅是热门内容，来自其他普通人的内容仍然可见。因此，K平台的算法分发一定会给予普通用户

生产的内容一定的可见机会：根据 K 平台官方的报告，K 平台只有 30%
的流量是分配给头部热门内容的，剩下的 70% 流量是分配给中长尾内容的。
这样的生态符合 K 平台"公平普惠"价值观（见图 4-2）。

普惠，让每个普通人都拥有自己的影响力

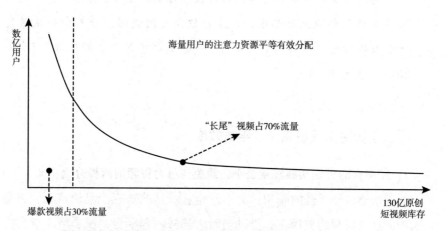

分发机制中用户内容权重占比很高，粉丝权重占比较低。
只要内容足够好，零粉丝用户视频播放量超过百万粉丝用户，再正常不过。

图 4-2　K 平台普惠流量分发机制

资料来源：K 平台内部营销部门培训，2020 年 10 月 15 日。

　　K 平台的创始人团队在践行资源匹配上倾向公平普惠的价值观，他们
认识到社会分配资源时容易出现"马太效应"，注意力分配也不例外，因
此他们在追求流量分发效率的同时，兼顾公平。如上所述，为了避免流量
过于集中在头部，他们把经济学中的基尼系数（Gini coefficient）引入社
区生态调控中。当 K 平台算法进行内容分发时，每一个策略都有基尼系
数的约束性考核，避免生产者之间曝光机会的"贫富差距"过大。如果
基尼系数超过预警阈值 1%，比如 -1% 对应为更向头部集中的情况（头部
曝光占比上升 7 个百分点，或者腰部曝光占比下降 10 个百分点），代表流
量过度集中于头部。为了确保普通作者的流量，K 平台头部视频的流量不
超过总流量的 30%（见图 4-3）。

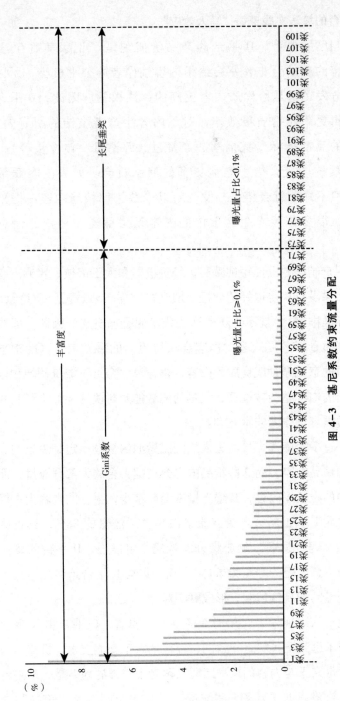

图 4-3 基尼系数约束流量分配

资料来源：K平台产品部门内部数据分析部门，2020年10月16日。

2. D平台的算法实践遵循"马太效应"

前面我们已经提到，D平台的产品价值观是"记录美好生活"，更加注重内容的质量而非K平台给予内容创作者的公平机会，所以D平台算法的分发逻辑是给优质内容更高的关注权重。因此，D平台的算法分发逻辑更为注重质量效率：对于内容生产者上传的所有内容，将根据用户的反馈指标（完播率、点赞量、评论量、转发量等），层层筛选出优质的内容，给予它们更多的展示机会。如果内容质量不高，用户反馈不好，就会停止分发，所以少数头部精品内容占据平台大部分流量，很多普通人生产上传的内容无法呈现在用户的信息流当中。

比如，用户制作并上传短视频后，经过机器和人工审核，普通内容生产者的内容如果没有获得很好的数据反馈（按完播率>点赞量>评论量>转发量的评价标准排序），就不会获得算法分发的叠加机会。因此，那些粉丝量高、视频质量好且受欢迎的内容会获得更大的曝光量，这就相当于说，对于优质的意见领袖或优质的内容，推荐算法会给予流量扶持和自动加权。越优质的内容越会被推荐，大量的流量能及时快速地汇集至高质量内容，对优质内容创作者非常有利。

所以，经过多轮筛选，最后进入热门流量池的视频一定是少量的、观看体验很好的精品内容，而这些精品内容会占据平台的大部分流量，而没有被算法选中的中长尾内容，其曝光量就会非常少，平台的内容生态就会出现"贫富差距"大的特征。头部流量占平台总流量的88%，真正体现出"强者越强，弱者越弱"的流量分发效应。可以说，D平台的算法体系遵循注意力资源分配的"马太效应"，这一点与K平台始终思考给予普通人多一些流量的产品价值观，形成鲜明对比。

概括来说，从短视频生产和消费的分发逻辑看，D平台和K平台这两个平台在技术框架上其实是一致的，都是把人工智能技术、机器学习算法引入平台，带来人与内容的精准匹配。两者不一样的地方是，K平台始终在思考怎么给普通创作者多一些流量，而D平台则追求"美好"内容的价值观，让社区的内容生态"优胜劣汰"，并没有对算法分发机制的注意力分配过程强行实施人工约束。

（三）内容呈现方式：可见性的高与低

K平台的产品价值观更为注重公平，给予每个内容均等的展现机会，而D平台的产品价值观则更为注重效率，给予优秀内容更多的展示机会。这种算法分发逻辑不仅仅体现在对流量的控制中，也体现在人机交互页面的设计中。

1. K平台内容呈现方式：注重双列

K平台推进其"普惠"产品价值观的具体做法，不仅如前所述，体现在用基尼系数约束推荐算法进行流量控制，还体现在产品的人机交互界面的设计上。具体而言，K平台用户交互界面的设计，采取的是双列呈现内容，即对于用户来讲，每次打开App主页面，呈现的内容有两列，给予普通内容生产者的内容更多展示机会，引导用户观看并与内容产生更多的互动。因为仅仅给予创作者曝光机会是不够的，如果普通用户上传的内容，没有得到内容消费者的正反馈和互动，内容创作者就没有持续生产的动力。因此，K平台的人机交互界面也充分体现出其"公平普惠"的产品价值观，大大拓展了内容呈现的范围（包括一次性浏览/滚动页面）。用户每次观看的内容更多元（比如信息流中，一次被推荐的内容双列呈现四个），自主选择性也更高。

不同的人机交互界面对于算法"输入"的反馈信号来源也不同。K平台的人机交互界面带来的后果是，其算法是从双列表页到点击页的交互训练模型，算法重点关注的用户行为数据，更多的是用户的关注率与评论率，而给其他用户的推荐倾向，依据的也是用户主动关注与评论的内容。

这样的算法实践形成的信息流，对于内容生产者来说，不仅其内容的可见性机会均等，而且其获得展示的概率也提高了。对于作为内容消费者的用户来讲，他们可以主动选择看什么内容：比如用户打开双列界面，需要主动点击进去观看；用户向下划动，不是下一个视频，而是直接到评论区。K平台的产品策略就是用户看完不要马上走，最好在评论区聊一聊，甚至是点击"关注"内容生产者，成为其粉丝，其实质就是激励创作者和消费者在相遇的一瞬间就建立起某种社交关系。

2. D平台：注重单列

相比之下，D平台采取的人机交互界面则是单列设置。当用户在D平台上看完一个视频，向上滑动的时候出现的则是另一个视频。用户的信息流中，一次只能呈现一个被推荐的内容。D平台的人机交互界面带来的后果之一，便是内容可见性相对低一些，给予内容生产者内容呈现的空间展示机会更小。D平台推荐算法根据用户与内容的交互行为数据进行学习，算法搜索到的更多是用户点赞率高、完播率高的内容，不断强化推荐呈现在用户面前。用户选择内容的主动权相对较弱，完全依赖推荐算法被动接收内容。这种界面交互设计传递的产品策略，便是D平台强调和鼓励的让用户不断沉浸在平台的内容体验之中。

因此，可以简要总结如下：D平台的推荐算法分发逻辑，主要是使更受用户欢迎的优质内容的可见性更高，推荐算法根据用户的被动消费行为反馈，在信息流中持续强化推荐高热、吸引力强的爆款内容；相比之下，K平台的推荐算法分发逻辑则更注重给予差异化内容更为广泛的可见性机会，更尊重用户的主动选择，在信息流中倾向于推荐用户（曾经）主动选择观看过的内容生产者所上传的新内容。因此，在K平台的信息流中，内容更多元、差异化更大，其信息呈现的范围更宽松，算法分发更注重公平，即使质量不佳、用户反馈不太好的内容仍然有机会呈现。而在D平台的信息流中，内容更优质（优胜劣汰后）、竞争性更强，对于内容生产者生产的内容，算法分发更注重效率，更优秀的内容可见性会更高。

（四）内容可见性的背后：创作者成长与消费者体验的权衡

1. K平台用户体验：消费主动权高且有利于长尾内容探索

两种不同的产品价值观影响下的人机交互模式差异，也给用户体验带来了不同的影响。K平台的双列模式，给了用户主动选择的机会：用户根据内容的标题、封面吸引度，主动选择"我要观看哪种生活"，用户对内容的宽容度会更高，哪怕点击进去不是用户喜欢的，退出时心理上责怪平台的概率也会小很多。这样做的后果之一，便是流量更加分散。"看见每一种生活"的 K 平台给予更多消费者选择内容的主动权，用户可以在双列模式中看到更多的内容，有更多分散的流量可用于算法测试，以便发掘用户兴趣。因此，K 平台在用户体验上，"爆款"内容的消费率偏低，但是有利于粉丝吸附力强的创作者成长，培养人格化和长尾兴趣的内容生态。

2. D 平台用户体验：被动消费且优质内容至上

D 平台模式下用户是被动的，基本上不给用户选择内容的机会。用户对内容预期的心理宽容度也较低，一旦用户觉得推荐算法理解自己的兴趣，就会继续沉浸下去，如果算法不理解自己，就会让用户产生腻烦情绪，很容易选择退出平台界面。

从推荐算法学到的内容分发逻辑来看，强调"美好"生活的 D 平台算法，必须确保给用户推荐的视频质量足够高，内容足够好，用户感兴趣留存的概率才会高，才会黏住用户。这就倒逼 D 平台必须采取内容至上的策略，因为 D 平台的用户被动放弃了自主选择内容的权力，完全靠推荐算法对自己的行为进行预测并在此基础上进行推荐，最终导致流量相对集中于优质内容。作为消费者的用户将内容选择权完全交给推荐算法，换来的是 D 平台推荐算法对作为消费者的用户体验相对友好这样一个结果。但对于普通内容生产者来说，尽管平台优质内容的消费率会提高，但主要由他们完成的长尾内容，其曝光的概率将会更低（见图 4-4）。

（五）算法实践后果：橄榄型与金字塔型内容创作生态

不同的产品价值观，结合不同的产品设计理念和设计框架，都将影响算法对内容的分发逻辑。另一个核心影响因素，就是产品的最初调性带来的人群差异。社区产品都是由用户定义的，尤其是为社区打下基础的种子

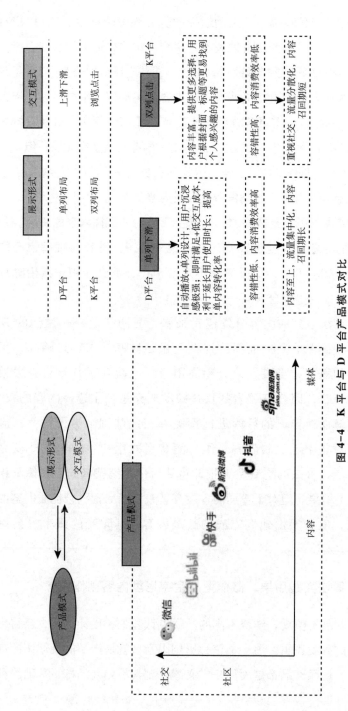

图 4-4 K 平台与 D 平台产品模式对比

资料来源：K 平台内部竞品调研结果整理，2020 年 10 月 16 日。

用户，因为新用户会模仿老用户的行为，或者被老用户同化。差异性种子用户生产的内容，经过算法识别、分发后，形成了不同的用户画像（而正是这些用户画像指明了预先输入机器的数据结构），引导了不同的社区创作者生态。

1. K平台种子用户：下沉市场的"半熟人"社交生态

K平台最初的社区生态，是由北方城市，尤其是三四线城市的用户群体沉淀而成的。这部分群体借助平台算法推荐机制偏向"普惠"原则的流量支持，迅速完成粉丝的"原始积累"。而且三四线城市的用户属性，对平台来讲就是广阔的下沉市场，下沉市场的社交生态容易形成以地域、行业为特征的社群。

> K平台早期的核心用户是双击666的东北老铁，他们的内容创作取向直接影响了我们的产品用户画像，也是让机器识别与分发时对这类内容更宽容，用户群体是这样，这类内容也就更受欢迎，算法推荐也就更迎合消费需求。　（K平台内容运营人员C3，访谈时间20201020）

所以K平台的信息流迅速被下沉市场的用户群体所占据，K平台重度用户的社群化现象极为明显，这类社群往往以地域、行业或者爱好为标签，内部极为团结，这种基于地缘、业缘的"半熟人"社交网络形成使得K平台的社区氛围更加倾向"普通人的真实生活"展现，K平台的产品页面设计与内容分发机制也让他们有更多的机会展现自己。

2. D平台种子用户：专业化生产内容的头部流量

与K平台形成鲜明对比的是，D平台最初吸引的用户，绝大多数都是一二线城市高颜值、时尚感更强的年轻人群体，特别是挖掘了一批艺术院校的学生群体对内容创作进行引流。而且D平台更早吸引了MCN机构和明星入驻。2016年8月上线后，截至2017年已经有不少热门明星入驻。截至2020年9月，入驻D平台的明星数量已经超过了2700位。结果之一，便是 D 平台明星号/机构号占比大，创作者的内容生产门槛被无形拉高。此外，内容创作者与内容消费者的情感距离也较远，D 平台的社区生态更像是陌生人围绕内容生产与消费的互动，创作者与用户的连接完全靠内容质量的吸引度来维持。D 平台达人必须依靠创作爆款内容涨粉获得流量，因为只有优质内容、具备号召力的创作者，才更受消费者欢迎，也意味着他们更被算法分发机制所接受。

根据卡思数据，K 平台内容创作者的画像中，男性/30 岁以上/北方/下沉创作者占比相对较高，而 D 平台内容创作者的画像中，女性/30 岁以下/南方/高线城市创作者占比更高。特别是地域分布上，D 平台的创作者主要集中在一二线城市（占比约 75%），且主要集中在南方城市（前十大城市中除了北京外均是南方城市），而 K 平台的创作者约有一半来自三四线及以下城市，且分布比较分散，北方创作者的比例明显高于 D 平台（见图 4-5）。

在算法分发机制和核心用户的双向互动下，K 平台和 D 平台分别形成了"橄榄型"和"金字塔型"两种用户结构，形成了强社区型和强媒体型的不同属性，形态虽然相近但人群和市场不同：K 平台的流量相对集中在中腰部创作者手中，形成"橄榄型"流量结构，而 D 平台的流量则集中在头部创作者手中，形成"金字塔型"流量结构。比如，两个平台的创作者粉丝量呈现不同的分布趋势：根据克劳锐发布的《2020 上半年短视频内容发展盘点报告》，截至 2020 年 6 月，D 平台千万级粉丝量的 KOL 数量超过 700 个，而 K 平台粉丝量过千万的账号数仅为 154 个；Top 1000 账号的累计粉丝量（不去重），D 平台为 62 亿，K 平台为 43 亿（两者比值为 1.44），而 D 平台、K 平台 6 月的 MAU 分别为 5.1 亿、4.3 亿（两者比值为 1.19），这说明 D 平台 Top 1000 KOL 的粉丝渗透率高于 K 平台，表明 D 平台头部账号获得的关注度要高于 K 平台的头部账号（见图 4-6）。

这种差异化的内容生态和社区生态，既受到平台公司差异化产品价值观的引导，又是在这一差异化产品价值观引导下展开的不同逻辑的算法实

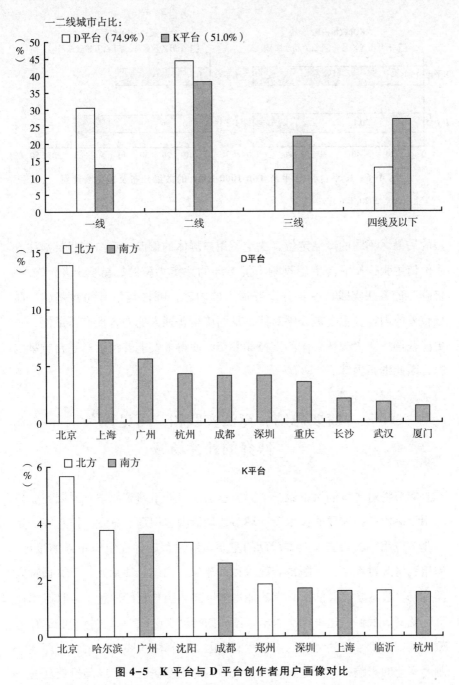

图 4-5 K 平台与 D 平台创作者用户画像对比

资料来源：根据卡思数据《2020 短视频内容营销趋势白皮书》整理，2020 年 10 月 15 日。

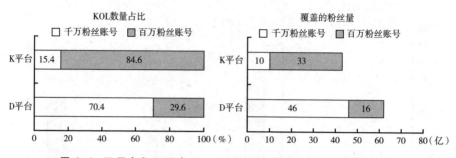

图 4-6　K 平台和 D 平台 Top 1000 KOL 的数量分布及覆盖粉丝量

注：截至 2020 年 6 月。

践的后果。不同的产品定位，决定了用户群体的偏向，算法实践就被注入了价值主张：K 平台希望收割下沉市场的注意力资源，就会开展"公平普惠"的算法实践，注重分发普通人的内容，哪怕是没有粉丝基础、质量较差的内容，也会被公平对待，从而使得普通人的内容拥有可见性，也更能获得社会大多数群体的支持和参与，使得他们能够持续对平台贡献内容，由此维系内容的生产。

三　简要总结：算法实践和"可见性"博弈的社会场域

　　本节将对本章的讨论做一个简要总结。机器学习算法被互联网商业公司用于搭建产品重要的技术设计环节，包括内容识别、分发、推荐等一系列业务应用，成为当代人类行动的重要实践过程，并在组织主导的设计、使用和修改过程中，不断得到建构和再建构。我们必须承认，只有通过人类行动，机器学习算法所具有的能力和性质才会被我们理解，才具有了社会性意义。我们在这里再次重申，不同的行动者会赋予算法特定的解释框架与规则，赋予算法特定的共享意义，因此，算法实践首先将受到环境中制度属性的影响，尤其是组织内部最基本的制度属性——产品价值观——的影响。图 4-7 将本章的理论叙述逻辑以图示的形式呈现如下。

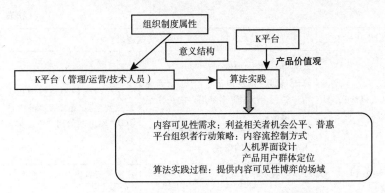

图4-7 组织制度属性、产品价值观与算法实践

总的来看，从 K 平台和 D 平台的产品价值观导向、信息流控制方式、人机交互界面、内容生态等方面进行对比（具体总结如表 4-1 所示），我们发现产品价值观影响着算法实践：K 平台希望普通用户能在这个平台上面展示自己的生活，D 平台则希望用户能够在平台上感受到美好的生活。K 平台"普惠"的产品价值观，在利用算法进行内容分发时，更注重社区流量分配的均衡，给普通内容生产者被他人看到的均等机会；D 平台则持"美好生活"的产品价值观，对算法分发机制的配置，更注重社区流量分配的"优胜劣汰"，从而使得优秀内容的可见性更高，也使得消费者体验变得更为重要，由算法分发的内容更迎合消费者的需求，让用户在做内容消费时体验沉浸感更强。

表4-1 K 平台与 D 平台的组织文化环境与算法实践逻辑对比

组织文化环境	算法实践逻辑	
产品理念	K 平台："普惠" K 平台算法的底层逻辑是对注意力资源的普惠式分配。 普通人内容可见性"机会公平"	D 平台："美好" D 平台算法识别、分发、推荐的逻辑是"优胜劣汰"，注重内容的质量。 内容可见性"优胜劣汰"
技术流程控制 （信息流控制方式）	算法设计引入基尼系数:避免注意力资源的两极分化	遵循注意力资源"马太效应":优质的意见领袖或者优质的内容推荐算法会给予流量扶持和自动加权

续表

组织文化环境	算法实践逻辑	
产品(人机交互)界面设计	双列：用户主动探索 算法"输入"的反馈信号：算法学到的用户的行为数据更多是用户的关注率与评论率。 算法"输出"：给用户推荐倾向于用户主动关注/评论的内容	单列：用户被动推荐 算法学习到的用户行为更多是用户点赞率高、完播率高的内容。 算法"输出"：给用户推荐倾向于高热内容
利益平衡倾向	注重内容创作者成长	注重消费者体验
产品调性带来的人群差异	下沉市场的"半熟人"社交生态	专业化生产内容的头部流量

算法实践是时间与组织情境共同形塑的产物，反映特定历史发展轨迹中利益、环境、知识带来的影响，这些影响也并不是不可扭转的。由于 K 平台和 D 平台两家公司在信息分发平台领域的结构性竞争位置，2020 年，两家为了进一步瓜分用户注意力的市场份额，在产品设计与价值观上开始逐渐学习和模仿对方，以增强自身的竞争力。举例来说，K 平台 App 进行了人机界面改版，首页的三个标签之一，给了单列流的"精选"。"精选"上下滑页面无论是从页面设计还是内容分发逻辑来看，都更接近 D 平台的界面设置，以增强消费者的体验感受，而其一直坚持的"普惠"流量分配机制，也相应地被调整成和 K 平台最初成立时坚持的价值观有所区别。这也说明，对于算法实践，存在不同程度的诠释弹性——不同行动者如何设计、解释和使用都存在弹性，关乎算法实践的制度情境以及行动者的利益考量。

不同平台产品价值观的对比，不仅说明算法实践的开展受到不同组织所处的制度环境（尤其是企业文化价值观）的影响，也代表着特定的平台组织想要搭建怎样的平台，平台想要维系怎样的内容生态，想要提供给用户怎样的信息流环境，这与它们的产品价值观息息相关。K 平台相对公平、普惠的价值观提供给平台用户更多的展示机会：对于内容生产者而言，其内容可见性更高；对于内容消费者而言，对内容可见性的主动选择权也较高。因此，K 平台公司作为社会文化建构的组织者，因其持续开展的算法实践，为平台相关的社会行动者提供了一个差异化内容呈现的信息空间。这也意味着，K 平台的算法实践给不同的社会行动者提供了一个利益博弈的场域，而 K 平台在"普惠"产品价值观的指导下，保持内容呈现的公平性，维系内容生态的平衡，其实质就是维系各主体间的利益平衡。

接下来的各章，我们将对算法实践中卷入的其他利益主体分别进行阐述，考察它们各自在决定内容可见性的算法建构中所扮演的角色：在内容流的排序逻辑中，既有平台的价值主张，也会有其他商业行动者的利益考量，也更需要关切内容生产、审核、分发、接收等各环节涉及的利益主体对内容流的形塑力量。什么样的内容可见/不可见？它们可见的程度如何把控？针对平台组织外部的利益相关者（广告主/政府监管部门）和内部的利益相关者（作为内容消费者和内容生产者的用户），其算法实践都需要加以进一步的经验研究，才能确定他们究竟以何种方式，对算法实践进行了不同程度的建构和形塑。

第五章　利益"共谋"：广告主卷入算法竞价的适应性策略

本章我们主要剖析了平台公司在算法实践的过程中，是如何与自身的商业模式相结合的，由此揭示形塑算法实践的另一重制度属性——商业战略，即算法实践的商业属性与商业价值实现的方式。当 K 平台"普惠"产品价值观影响平台算法实践的逻辑并持续进行"人—内容"的效率与价值匹配之时，平台公司作为盈利的市场主体又是如何考量自身的商业利益，如何在算法实践中注入商业力量的呢？

通过剖析卷入平台公司算法实践的相关利益群体（代表）——广告主——是如何与平台公司进行技术业务互动的，解释了他们参与到算法实践中的具体机制，从而部分地解答了 K 平台公司另一重制度属性，即其商业战略对其算法实践的形塑作用这一问题。可以说，广告主作为利益相关行动者也极大地参与到 K 平台的算法建构过程中，并与平台的商业利益需求达成"共谋"，最终实现了如下的技术—商业现实：在 K 平台用户的信息流中，持续地维系着广告或其他促销信息（promotion information）的可见性。

由于广告主投放广告是平台赚取利润的来源之一，广告主在参与平台的算法实践时，具有一定的话语权与资源置换能力。比如说，它们能够与平台"共享"用户数据，由此设计和精准投放广告媒介以有效收割用户的注意力，从而在不过多打扰用户体验的算法分发机制的协助下，快速获取广告的曝光；除此之外，广告主参与平台的算法实践还具有一定的诠释弹性，比如在算法竞价系统中，它们可以通过提高购买广告位的价格以获取算法系统排序的"优先权"；最后，广告主还具有一定的"议价"权，它们利用与平台利益连带的关系，可以修改算法系统的技术配置，在某种程度上影响算法系统的运行规则（比如，修改算法排序系数的权重）。

在互联网行业，尤其是在投资人心目中，往往存在一种"算法迷信"或曰"技术迷信"："算法可以将广告快速变现"，"算法可以促进用户增长与用户留存"；很多互联网公司往往也宣称，AI 算法可以在设计、应用等环节满足用户不确定的个性化需求，提升用户的即时体验。当然，算法实践的形塑过程中，除了产品价值观之外，也离不开商业利润这一基本驱动力的参与。不同的商业模式带来了不同的商业机会，不同的商业策略决定了 AI 算法系统的业务目标。仅就内容分发平台而言，AI 算法作为内容流控制的关键，其依照何种规则实施流量分发，必然会受到平台商业策略的极大影响。可以说，算法实践是互联网公司获取商业利润的有力抓手，其最终目标是帮助互联网公司实现业务目标并获取商业价值（当然在这个过程中如果能够同时实现平台的产品价值观，那就更好了）。

从根本上讲，K 平台在"普惠"产品价值观引导下的算法实践过程中，也嵌入了商业利益的需求。算法在自动分发内容的同时，也在实践着如何精准分发一类特定内容——广告，如何让广告在平台的信息流中获得更大程度的可见性。更为具体的问题包括：K 平台的算法实践是如何将流量"暗中"分配给广告主与品牌商的？它是如何将平台用户的注意力通过算法实践"货币化"贩卖给广告主，由此获取商业利润的最大化的？本章从 K 平台开发的广告推荐系统切入，揭示平台如何利用广告推荐系统引导广告主竞价，而推荐广告这一算法实践又是如何在为平台获取商业利润的同时，平衡广告主的需求与用户体验的。

首先，K 平台在"看见每一种生活"的算法实践逻辑下，迅速活跃了用户留存，这是 K 平台开展所有营销、电商等业务的基础。截至 2020年 1 月，K 平台平均日活跃用户（DAU）已达到 2.6 亿，平均月活跃用户

（MAU）达到 4.8 亿，其中每位日活跃用户日均使用平台 85.3 分钟。从流量角度观察，这些数据隐含着巨大的商业效益转化空间。因此，K 平台需要设计合理的流量分配机制与商业机制，以便让社区进入正循环增长空间，实现自我进化，其所遵循的基本循环逻辑为：吸引更多的内容生产者→生产更多的内容并获得注意力收益→更多的用户观看→广告主看到平台的价值→广告主投放广告→平台公司的商业化收入提升→平台更好地服务内容生产者和内容消费者→更多的内容生产者生产内容→更深入的用户留存和更大的潜在广告收益空间→更多广告主投放广告，由此实现持续正循环。

K 平台的广告盈利路线实际上有两条：首先，K 平台在不断收集和分析平台内容生产者和消费者等用户数据的基础上，把一部分公域流量分配给广告主（大多都是品牌商）而获取广告收益，即平台直接向广告主售卖广告位，最为典型的就是信息流广告；其次，K 平台还可通过辅助内容生产者进行商业化变现而收取抽成和佣金以获得利润，即内容生产者利用自身的粉丝基础和内容制作能力，帮广告主进行内容营销推广，平台则获取佣金。

与以上两条盈利路线相匹配，K 平台的 AI 算法主导的推荐系统一方面将公域流量迅速商业化，帮助广告主/代理商将广告投放过程智能化、精准化，让从头部到长尾的广告主都能利用 K 平台的生态资源进行营销推广。另一方面，它也着力于提升私域流量的商业化效率：通过为广告主和内容生产者提供对接渠道，帮助内容生产者高效地将自身的内容创作者能力或所积累的私域流量，在广告主那里顺利进行变现。

为了深入了解 K 平台的商业模式是如何影响其算法实践过程的，本研究对 K 平台商业化部门的 3 名运营人员、3 名技术人员，以及 3 名广告商进行了深度访谈（其具体编码如表 5-1 所示），倾听了技术人员对商业广告推荐系统的规则体系的详细介绍，并以实习生的身份，对 K 平台算法系统的商业化实践的技术路径（广告推荐系统）有了参与式观察的亲身体验。与广告商的访谈，主要目的在于了解 K 平台与广告主的利益分成模式是如何逐渐被纳入算法实践中的。本章的撰写，除了利用了上述研究过程中所收集的定性访谈资料之外，还利用了 K 平台组织内部与广告商对接的一系列文档资料。

表 5-1 接受访谈的 K 平台商业化部门相关人员和广告商的编码信息

受访者部门	访谈对象	受访者部门	访谈对象
商业化部门（运营人员）	A1；B2；C3	商业化部门（技术人员）	O1；O2；O3
广告商		D1/D2/D3	

注：涉及公司内部人员与广告商品牌形象，因受访者要求不公开个人/公司具体信息。

一 平台—广告主的利益合谋：怎么利用用户的数据来赚钱？

（一）广告的可见性：信息流入口打造

用户在平台上进行数字化互动的过程中，其所面对的内容流，看似是算法根据我们的个性化属性和行为反馈匹配内容后推送的结果，但在信息流中，总会夹杂着平台给用户精心挑选过的植入广告，这便是互联网巨头信息流商业化变现的新入口——信息流广告。把广告融入用户的个性化推荐内容之中，突破了在用户操作和阅读时强插广告的传统思路，从而让广告成为内容的一部分，使得商业目标和用户体验之间达到一种良好的平衡。

信息流广告牢牢地从用户观看的内容流中攫取出一部分用于广告变现。对于当前的 K 平台推荐算法来说，在决定给用户推什么内容的排序逻辑中，一定会同时实现这样一种功能，即将热度不同的内容跟商业化广告进行混排搭配，同时推给用户。信息流广告依赖于平台对用户数据的全方位掌控：广告主根据平台提供的用户画像精准投放广告，与有获得此类广告需求的用户群体实现了精准匹配；与此同时，广告主可以随时观测目标用户的行为选择和情感意图变化的动态数据，实时调整广告报价。

信息流广告最早是由 Facebook 提出来的，并于 2006 年进行了开拓性的试用。国内最早采用的是微博，它于 2012 年推出了信息流广告。之后，腾讯、今日头条、UC、百度等平台纷纷推出信息流广告，揭开了信息流广告在国内迅速发展的序幕。K 平台在 2019 年也加快了商业化步伐，致力于打造名为"磁力引擎"的商业化流量变现入口：在每位用户的内容流中，均为广告留有位置（比如，K 平台双列页面中，每位用户界面的第 4~5 位留给广告展示）；这就引发了众多广告主对 K 平台信息流中的广告位进行竞价。平台公司商业化流量变现入口的打造，意味着在算法分发内容给用户的过程中，同步也在分发广告；而从普通用户角度来讲，一次页面滚动，4~5 条的内容展示中，一定会有广告信息出现。

（二）用户注意力精准"收割"：商业用户画像与定向投放机制

什么样的广告适合投放？投放给哪些用户群体？用户对广告的体验效果好不好？在寻找用户和广告"最佳匹配"的过程中，发挥作用的就是 AI 算法，而算法的核心功能之一，便是对广告库里的广告与用户的商业画像进行匹配，最终把最有价值的广告匹配给最需要它们也最有能力或最有可能做出消费上的回应的用户。在 K 平台的实习生身份，让笔者逐渐理解了 K 平台广告投放的整个流程：首先根据平台用户的浏览轨迹，以及用户的行为和兴趣特点，平台最终将用户划分为不同的人群，为广告主提供更精细化的广告投放人群选择，广告主根据自身广告需求选择不同的人群，在此基础上可以采取定向投放方式，例如地域、性别、年龄、兴趣等，进一步"圈定"广告投放人群。总的来看，信息流广告的运行机制可以概述如下：首先，平台根据用户的实时搜索数据、社交数据、消费数据、地理位置信息数据等一系列线上线下的数据建构起（变动中的）用户画像；其次，平台为已经包装好的信息流广告匹配相应的用户画像；最后，信息流广告与用户相遇，实现了推送的场景化、实时化。

从行业历史来看，早期的 PC 端信息流广告也会根据用户数据进行广告投放。进入移动互联网时代之后，发生了两个重要的变化：首先，采集、记录或储存用户数据的维度获得了极大拓展，海量的、更接近真人的实时化用户数据为信息流广告的个性化主动推荐奠定了基础；其次，移动端信息流广告在一系列数据的支持下，还可以做到将对用户的干扰/打扰降低到最少。值得指出的是，信息流广告的成功，还有赖于一个前提：信息流广告实际上与短视频短小精悍的内容形式具有天然的匹配性。换句话说，对于用户来讲，广告只是信息流浏览内容中的一条信息而已，在这样的接受美学框架下，用户的广告体验与接受度都会增加。而且平台积累的用户数据量越大，数据维度越多，能够挖掘的用户标签就越多，推送的广告就越精准，那么广告的精准用户群体定位和定向投放就越能提高广告的转化率。

> 例如用户 A 喜欢看游戏视频、相声视频，被划分到游戏人群、相声人群；用户 B 喜欢看衣服相关视频，被划分到衣服类人群。广告主 C 是做女装生意的，那么在圈定人群时就会选择衣服类人群，同时人群的性别选择女性，这样被人群圈定后用户才能在信息流中看到广告主 C 的广告，更有概率去购买广告主 C 的产品，也就更容易将流量进行商业化变现。（K 平台商业化部门受访者 A1，访谈时间20200122）

不同的平台都在收集和利用用户数据，它们还可围绕各自的用户数据实施共享行为，将之扩展为广告主投放广告的补充定向人群。这一共享行为取决于如下一个技术事实：在移动互联网时代，App 安装之后，硬件信息、软件情况，甚至用户的多个通讯录都能被检索或获取，再与实名制信息相结合，用户几乎无隐私可言。尤其值得指出的是，具有唯一性的手机硬件编号，几乎成为用户在移动互联网中的身份证；使用这个身份证，可以在不同 App 上查到人们跨平台的行为轨迹。广告主除了使用 K 平台提供的"人群包"之外，也可以自己提供"人群包"与 K 平台"共享"：

> 比如 K 平台的用户手机上并没有安装某公司想要推广的软件 App A，这个公司如果想要获取新用户进行软件推广，就可以在 K 平台投放广告，只要在 K 平台广告投放平台中把已经安装软件 A 的人群信息上传，在 K 平台选择不在该人群中的用户进行投放广告。接着，用户使用 K 平台的时候，就可能出现软件 A 的广告。（K 平台商业化部门受访者 B2，访谈时间 20200123）

与此同时，广告主还可以实时管理定向用户数据，以提升广告投放的精准程度：

> 人群数据属于公司的机密，为了在保护公司机密的同时，增加广告投放的精度，引入了 RTA 的方式。RTA 全称 RealTime Api，即实时接口，由广告主提供，将用户定向的工作交付给广告主来实现。例如，用户在 J 平台上大量浏览耳机，当用户使用 K 平台的时候，服务端使用用户的硬件编号请求 J 平台的 RTA 服务，J 平台服务判定用户为耳机广告的适用人群，K 平台的用户刷视频的时候就会出现 J 平台耳机相关广告。（K 平台商业化部门受访者 C3，访谈时间 20200123）

由此可见，平台和广告主在利用用户数据与行为轨迹进行精准的商业化画像建模的同时，达成了一定程度的利益"共谋"：不论是操纵用户可以看到什么类型的广告，还是为用户量身定制何种广告服务，都改变不了它们在一定程度上利用用户个人数据进行商业化变现的事实。

> 用户的数据及特征维度越多，对用户兴趣喜好的把握越充分，预测用户点击广告的概率越精准。我们可以间接判定——作为消费者其

愿意为某种广告付出多少金钱。（K平台商业化部门受访者O1，访谈时间20200123）

（三）平台收益最大化：算法排序逻辑"制衡"广告的可见性

广告主可以利用平台的用户数据"圈定"人群进行广告投放，但广告是否被用户点击、转化，真正让广告主获得收益，其前提是广告的可见性如何实现最大化。这就意味着广告主必须进入平台广告竞价系统参与竞价，付出最划算的代价从众多广告主手中抢到最有利的广告位，让广告能够进入用户的信息流以获得商业转化机会。在K平台的算法实践中，广告竞价是利润转化的一个很重要的组成部分，因此平台也会经常组织不同的广告主进行实时竞价。从普通用户角度来看，他们能够实时看到一个广告的背后，是不同广告主智能竞价的结果：在算法体系的辅助下，K平台按预估收益最高进行排序，最终把竞价成功的广告推荐给用户。

那么广告主具体是如何竞价获得广告位的呢？首先，广告主需要依托平台的竞价算法实践来判定自己的广告被用户点击/转化的概率从而开展竞价。在这个阶段，平台也会用自己的算法体系帮助广告主建立起最优出价模型，完成出价决策。其次，广告主能否竞价成功，还需要依托平台推荐广告的算法排序逻辑——按照平台收益最大化进行排序——来加以判断。笔者通过访谈得知，影响K平台收益最大化的因素有如下几个：①算法模型预估用户对广告的感兴趣程度，即广告点击率（CTR）或是广告转化率（CVR）；②广告主的出价高低；③用户对广告的负面体验影响（见图5-1）。

不同的用户对众多广告主提供的广告，其感兴趣程度是不一样的。K平台利用算法来预测特定用户对特定广告的感兴趣程度，通过构建预测广告的CTR或者CVR模型，来判定用户对广告的感兴趣程度。因此，平台算法实践中的某一特定构成部分——预估用户对广告的点击率/转化率——便成了影响广告主获得某广告位的因素之一：

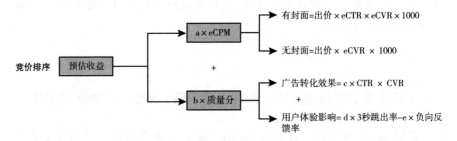

图 5-1 K 平台广告竞价排序逻辑

资料来源：K 平台商业化部门提供，2020 年 11 月 4 日。

作为一个平台方，我们要去做模型，这个模型学习用户的历史数据，预估用户会对什么内容感兴趣，比如用户对白酒应该不大感兴趣，因为历史数据显示用户没有浏览过与白酒相关的内容，或者模型发现用户是个女性，之前看和鞋子相关的内容特别多，模型觉得用户可能对这方面感兴趣，我们用深度学习模型来预估用户对不同广告内容的兴趣——预估点击广告的概率。（推荐广告算法工程师 O1，访谈时间 20200123）

另一个关键性因素是广告主的出价高低：

假如用户 A 对鞋子感兴趣，对白酒不感兴趣，算法预估出来的是用户 A 对鞋子的点击率会高，对白酒的点击率肯定会低，但是如果白酒的广告主花的钱很多，比鞋子的广告主出价高很多，很有可能推的是白酒广告给用户。（推荐广告算法工程师 O2，访谈时间 20200123）

当出现多个广告主竞争某个特定广告位时，K 平台最终会根据 eCPM（每千次曝光给平台带来的收益）这一指标来进行竞价排序，具体计算公式如下：eCPM＝出价×eCTR×eCVR×1000。假如广告主按照市场主流模式，采用用户点击广告（CPC）这一指标出价，则测算公式为：$eCPM = CPC \times CTR$。如果针对 A 广告位，3 位广告主 B、C、D 同时竞价，K 平台的算法体系将会如何测算呢？首先，平台的广告竞价系统会预测用户对广告的点击率。针对不同广告主的广告，算法预测用户点击的概率是不一样的：假定在 K 平台的算法体系内，三位广告主分别获得 0.1%（B）、0.2%（C）和 0.15%（D）的点击率。

除了实时预测用户对 B、C、D 广告的点击率之外，广告主还要按照点击率给出对应出价，具体如下：$PCTR-B = 0.1\%$，$CPC_B = 100$；$PCTR-C = 0.2\%$，$CPC_C = 40$；$PCTR-D = 0.15\%$，$CPC_D = 50$。这意味着广告主 B 出价最高，其出价含义是只要这个用户点击我的广告，我就出 100 元（$CPC_B = 100$）；同样，广告主 C 的出价含义是只要用户点击广告，它就出 40 元（$CPC_C = 40$）；广告主 D 则出价 50 元（$CPC_D = 50$）。将上述出价代入公式后可全部转化为 eCPM，然后按照 eCPM 的值进行排序：$eCPM_B = CTR \times CPC \times 1000 = 0.1\% \times 100 \times 1000 = 100$；$eCPM_C = CTR \times CPC \times 1000 = 0.2\% \times 40 \times 1000 = 80$；$eCPM_D = CTR \times CPC \times 1000 = 0.15\% \times 50 \times 1000 = 75$。最后便是广告主 B 竞价成功。

看起来，算法团队的工作相当轻松：只要把广告主的出价乘以点击率再乘以 1000 次曝光，然后进行排序即可。当广告主出价与算法预测的广告点击率相乘后，哪个广告主能使得平台的最终收益最高，就会将广告位出售给它。因此，在广告主的出价与算法预估的广告效果（点击率与转化率）两者共同作用和相互制衡下，当 K 平台的综合收益最大时，广告主才会竞价成功。

（四）广告可见性的制约因素：用户体验指标的约束

对于 K 平台来讲，自身的广告收益最大化当然是首要考虑的目标，但实际排序时，它也必须考虑平台内容生态的调性，不能过分影响用户的观感体验。虽然信息流广告的形态在一定程度上可以做到"不过分打扰用户"，但广告以怎样的频次在用户的信息流中出现、其在用户信息流中出现时是否能正向影响用户的观感体验，每个平台公司都会有一套量化用户体验的指标体系制衡广告的可见性范围，这些指标的存在，直接影响了广告在平台算法排序逻辑中的结果。

K平台是内容分发平台，与电商商品分发平台不同，它的推荐算法所推荐的不仅仅有广告，还有其他消费性内容，因此，在推送广告的同时，一定要考虑用户的体验。因此，K平台在推送推荐广告时，不仅需要建立起强大的算法机制以实施智能化精准推送，同时还需要另一套算法实践来保护用户的体验。

> K平台用户长期被社区"滋润"，会看不惯不相关的内容，K平台的用户会对商业内容有所排斥。我们在广告排序时对用户（对广告）反馈的权重更高，更注重用户体验。（广告算法推荐工程师O3，访谈时间20200123）

> 实际推送中，广告推送的逻辑还要照顾用户的体验。比如模型发现用户对白酒感兴趣度太低了，我们给广告主推送了广告，虽然可能平台综合下来收益确实是最高的，但用户体验可能不是很好，所以我们在排序时会调整不同变量的权重，出价这一指标我们可能给出一个0.75的权重，还有0.25的权重会考虑到用户体验，把用户对广告的点击率（CTR预估）单独拎出来，作为一个分数，可能我们还会考虑商品的质量综合打分，再求和去分析综合收益。（广告算法推荐工程师O1，访谈时间20200123）

因此，K平台的算法排序逻辑除了要根据广告对平台收益最大化的贡献度进行排序，还要兼顾评判广告对用户的影响程度来综合评价广告的质量。K平台在每一条广告投放前都会利用AI算法的预估能力，根据用户对广告的体验效果，对广告素材进行评分，具体采用的指标有"点击广告三秒跳出率""负向反馈率"等。依据上述指标就可以建立起一个对广告质量进行评价的综合体系：广告质量分＝广告转化效果＋用户体验影响＝c×CTR（点击率）×CVR（转化率）＋d×P3TR（3 秒跳出率）－e×NTR（负向反馈率）。通过排序公式衡量这条广告对用户体验的影响，结合广告本身的 CPM 收益做综合排序，最后挑选投放最优解，使之在用户体验影响最小、CPM 收益最高的情况下投放。因此，不管广告主的出价多高，如果广告带来的用户体验极为负面，这一广告也不能展示在用户面前。

综合本节内容来看，本书发现，广告主能够参与到 K 平台的算法实践之中，具有一定的话语权与资源置换能力。它们通过与 K 平台"共享"用户数据，精准地收割用户注意力，并在不过多打扰用户体验的算法分发机制的帮助下，快速获取广告的曝光。同时，广告主利用平台提供的算法竞价机制，较深入地参与到 K 平台的特定算法实践——对广告内容排序的"可见性"竞争——当中。在这个过程中，特定广告能否获得用户的注意力（用户点击率/转化率），都需要算法进行预测，而平台公司则根据算法预测的注意力获取结果、广告主的出价高低，以及平台预测的用户对广告的体验效果等多因素综合测算考量，最终决定了广告可见性的机会与范围。

二　广告主卷入算法排序逻辑的适应性策略

对于广告主而言，最大的需求是广告能在平台竞价中获得成功并顺利投放，以最少的广告投放费用，获得更多的广告转化（注意力转化成用户的消费动力），因此，它们总是希望广告转化的效果 ROI 更高。[ROI＝GMV（成交额）/广告费用]。任何一个广告主，当其面对 K 平台的竞价排序机制时，如果想要实现利益最大化，维系广告可见性的效果，一方面需要提高广告的出价，以便能在 K 平台的算法系统中提高自己的排序位置，另一方面也需要不断优化广告质量，提升用户体验的效果。

（一）主动提高出价，提高竞价资本

广告主的出价是面向所有潜在观看用户的。由于广告位资源有限，面对多个广告主同时竞争，K平台算法系统提供了优化广告位资源匹配的机制。但并不是所有用户都会对广告主的广告感兴趣，因此，如果想要拿到更多的广告位，最好的方式就是广告主先主动把出价提高，以增加自己竞价成功的概率。

> 如果这个用户确实对这个广告很感兴趣，CTR就估很高，广告主就能成功竞价，但是广告主出的价是面向所有用户的，并不是所有用户都对这个商品感兴趣度很高，可能面对A用户获得高点击率，在B用户那里有可能拿不到，在C用户中有可能更拿不到。所以广告主想要拿到更多的广告位，最好的方法就是把价格提上来，虽然有的用户的广告位在广告主出的价格低的情况下拿到了（因为算法预估CTR比较高），但大部分用户不会都对着这个广告这么感兴趣，因为它的竞品实在太多了。（算法推荐工程师O1，访谈时间20200123）

此外，虽然广告主知道K平台的算法排序逻辑，但是平台采用用户体验的量化指标来约束竞价这一事实则是广告主无法控制的。如果广告因为质量问题被K平台算法系统判定用户点击率过低，这时只有主动提高出价，才能增加自己的竞价砝码。笔者通过对K平台推荐广告工程师的访谈了解到：如果广告主出价大于用户体验感较差带来的成本，这些广告也是可以投放的。这成为广告主面对算法竞价机制的适应性策略之一。

> 我们会对因为体验问题过滤掉的广告占比做统计（事实上是这样，但业务上不对外，因为对客户和业务可能带来负面影响）。为了展示一条广告实际上把社区中这个位置的作品往后移了一位，如果广告的体验比较差，这条广告和被后推的作品之间在用户体验上有一个

量化的 gap，会有一套量化体系算出这个坑的钱，这个钱表示因为广告影响了用户体验，占用 K 平台和用户的成本，当广告主的出价大于这个成本，这条广告可以投放。反之出价不足以支付平台及用户体验的成本，这个广告位置就不能成立。（推荐广告算法工程师 O2，访谈时间 20200123）

（二）与平台"议价"以提高算法模型权重

如果大的广告主与 K 平台建立起长期的合作伙伴关系，K 平台考虑到与商家长期维系关系的需要，也会给予广告主一定的"议价"权利。在拥有平台授予的这一权利前提下，如果广告主想买更多的广告位但又不想花更多的广告费，那么它可以主动提出，对预测用户点击广告的模型参数进行强制干预。

通过与 K 平台内部负责广告算法推荐的工程师的沟通，笔者了解到，一般机器学习算法在做这些 CTR 和 CVR 的预估时，都是基于历史数据去学习的，没办法人工干预，模型学出来是什么就是什么。但如果有大广告主提出："我想把 100 万元花出去，你必须把我的广告曝光出去"，那么算法工程师也会采取人工措施对算法进行干预，比如提高模型的系数权重。

我们发现，这 100 万元中白天可能只花了 50 万元。花不出去的核心原因在于大量的模型预测用户对这个商品都不是很感兴趣，平台最终的收益 eCPM 就比较低。我们怎么办呢，模型运算出来后不可能去改模型，这时就会加一些系数在里面，比如把模型预估的 CTR，乘以 1.5 倍的系数，强行把广告的 CTR 提高。因为大部分商家不愿意提高出价，如果以前出 50 元，现在出 100 元，相当于 100 元原本能买两个广告位，现在给改成 100 元，就只能买一个广告位。（某算法推荐工程师 O2，访谈时间 20200123）

因此，广告主把自己与平台的利益进行捆绑：只有用户的点击率提高，广告才能获得最大限度的曝光，平台才能因此靠广告主支付的费用获得最大收益。人工强行干预模型的系数权重保证了双方利益的双赢，尽管短期内会牺牲用户的体验。

（三）以优化广告创意来提升算法预测能力

K平台向广告主提供的竞价机制，使得广告主既被动也主动地卷入了各种"计算"逻辑中来。对于广告主来讲，如果仅靠提高出价，也许能获得更多广告位，获得更多广告曝光，但却不能使自己的收益最大化，因为任何一个广告主最终的目标都是希望用户更多地点击广告并进行转化（下载、用户信息收集、购买商品等），因此，通过K平台的数据与推送达到精准投放前，它们需要不断优化广告创意，提高算法预测的用户广告点击率和转化率，获得更多用户的注意力。

> 精准投放不能让广告主的利益最大化，虽然它砸钱了，但平台只能给它更多的曝光，用户真正买不买，还是看商品本身是什么样子的。（推荐广告算法工程师O3，访谈时间20200123）

K平台的广告管理平台也会为广告主提供"程序化创意"，在广告创意上可实现机器的智能生成和匹配，帮助广告主提升广告制作效率。

> 优化广告质量，成本会降低，达到的量更多。如果不重视用户体验，随便投素材，跑量会比较难，成本较高。素材上，越接近原生作品（短视频社区氛围）的成本越低，越不像广告的效果越好，成本越低、量越高。（某广告商D1，访谈时间20200124）

当广告主面对一套由K平台主导的广告投放机制与技术系统时，它不得不应对在广告投放、广告效果、广告竞价过程中的算法逻辑和计算规则。在这一过程中,虽然广告主往往面临信息不对称的处境,在一定程度上需要依附于平台的数据支持,但它们也能在互联网平台搭建的这一商业流量入口与 K 平台开展合作,共同分配巨大的流量和蕴含其中的利益。

三　广告可见性的平衡与博弈:用户体验、
广告主和平台利益

可以说,本章描述的 AI 算法主导的 K 平台推荐广告系统,通过竞价排序公式体现出了对多边利益的平衡照顾:算法系统衡量的核心指标,要兼顾投放广告带给 K 平台收益的最大化、广告主的利益以及用户体验。同时,K 平台的算法实践也必须考虑到广告主的投入产出比是不是达到其预期,从而保证平台跟广告商之间的合作能够持续下去。此外,K 平台的算法实践还要考虑到用户的体验效果,因为每一个广告的转化效果,都是以用户的体验效果为基础的:用户会不会点击,点击后会不会加以关注,关注后会不会促发消费意愿,消费意愿是否能顺利转化成下单。只有当广告主监测到这样一条转化闭环的概率高低时,才最终决定了它们会不会持续付费,K 平台的收益能否得以最大化。

本书也发现,在 K 平台推荐广告竞价机制实际运行的过程中,充满了多边利益的动态博弈:首先,多边关系的利益相互影响;高的广告点击率与转化率既能代表用户对广告的需求意愿,又能制衡广告主的盲目竞价,而广告主恰恰能够通过提高出价以增加自己广告的可见性(提高广告算法竞价成功的可能性)。其次,对于 K 平台来讲,它通过提供给广告主精准投放广告的机会,促进用户的注意力"收割",一方面让广告主满意,促进长期合作的达成,另一方面 K 平台的算法体系也部分地确保了用户体验;而对于广告主来讲,广告主利用推荐广告的竞价机制,除了提高出价之外,也不得不主动优化广告的创意,迎合用户的需求,做到广告与用户需求的精密匹配。可以说,AI 算法主导的广告投放系统在多边利益主体的平衡与博弈中发挥了算法的商业价值，在追求效率逻辑中达到利益的相互制衡。

四　小结与讨论

本章重点探讨了在平台的算法实践中，广告主作为利益相关行动者也参与其中，并与平台商业利益需求达成"共谋"，以此维系自己广告的可见性（见图5-2）。由于广告主投放广告是 K 平台赚取利润的重要来源之一，广告主在参与 K 平台的算法实践时，具有一定的话语权与资源置换能力，能够与平台"共享"用户数据并精准收割用户的注意力，快速获取广告的曝光。它在算法实践中表现出一定的能动性：比如，它在算法竞价系统中，可以通过提高购买广告位的价格获取算法系统排序的"优先权"；又比如，它可以利用自己作为主要合作伙伴的身份获得一定的"议价权"，由此修改算法系统的技术配置，从而影响算法系统的运行规则。

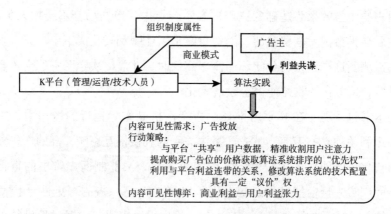

图 5-2　广告主与平台商业模式"共谋"参与算法实践

通过对 K 平台 AI 算法主导的广告推荐系统运作过程的深入剖析，我们发现，AI 算法实践将不同的利益行动者（此处是广告主）卷入"计算"的逻辑中：谁的内容能够获得"高可见性"，离不开算法实践的具体运作机制与流量分配规则的保驾护航。于是，如何在算法实践中获得主动权，成为利益相关者竞争的焦点。对于广告主来讲，遵循平台的算法分发逻辑是前提，运用价格优势、强化商品吸引力是提高算法对用户与广告间的匹配预测能力的关键。广告主参与平台算法的互动过程，呈现多边利益在博弈中的一种平衡或者共赢的结果，这种竞争性博弈贯穿于 K 平台的每一次具体算法实践当中。

第六章 算法实践的合法性：监管部门的技术治理

本章继续探讨 K 平台的第三重制度属性——合法性结构——对其算法实践加以形塑和建构的方式与机制。在这里，合法性结构指的是政府监管部门针对短视频流量这个行业的一般性治理政策和治理立场，以及针对 K 平台公司及其独特市场地位和行业生态所给予的特殊的约束政策和约束性指导。本章所使用的合法性结构，是一个具有复杂内涵的分析性概念，既包括政体和监管部门本身对一般性互联网媒介沟通内容之性质的期待和约束（如传播正能量期待），又包括在平台公司所代表的互联网资本与其他互联网行动者（如作为内容生产者和内容消费者的普通用户）发生利益冲突时，作为调停者在实施政治压力时需要考虑的"公共的善"的立场（如公序良俗期待）。通过对政体和监管部门围绕算法实践与 K 平台展开互动和博弈过程的描述，本书尝试着回答如下一系列问题：政府监管部门如何成为算法实践政治合法性的规训者？它们对 K 平台之类的商业平台公司的算法实践实施了怎样的治理路径？平台公司又是如何应对来自监管部门的治理意图的？在包括政策法律法规的"硬法"吸纳与算法实践过程中的"软法"（非正式制度、规范）确立过程中，又存在哪些利益博弈与张力？

K 平台作为一家平台商业公司，在发展之初，其算法实践践行着"看见每一种生活"的文化价值观迎合了普通大众的生产与消费需求，

"用户生产什么，算法就分发什么，消费者就看什么"，这样形成的内容生态呈现一种"裸奔状态"——个性化分发的算法推荐逻辑没有过多的人工干预，内容生态日趋恶劣。当 K 平台逐渐成为国民级应用时，其内容生态的治理迫切需要规范化管理，以政府监管部门、官方媒体为代表的技术实践监管人开始对 K 平台的算法实践进行干预——技术要有规则指导，算法实践也要进入制度化的过程。

围绕这一制度化过程的具体疑问，可以简述如下：政府监管的规则如何嵌入对内容流进行把控的算法实践中？对平台的内容生态又有怎样的规范与限制？平台的内容流需要审查什么，不审查什么，审查到什么程度？在不改变 AI 算法对社会公共内容的无限介入以及其所依托的平台商业化逻辑的前提下，是否存在政治力量与商业力量间的张力？

我们的研究最终发现，政府监管的规则与政策已经开始嵌入 K 平台算法系统的设计与运行之中，算法分发内容在对用户"欲知而未知"的预测判断中，也在践行着"应知"的政治主张：政治权力可以在官方话语发声渠道（官媒等主流媒体）公开规训平台的算法实践，并且对算法系统的制度规则体系进行潜移默化的指导与矫正。面对政治权力的监管意图，平台管理者不断在价值层面强化其算法实践的正当性（legitimacy），也在算法实践中重塑算法系统的运行规则，增强平台算法实践的政治合法性。

为了深度了解政府监管部门、官方媒体等非市场主体如何参与到 K 平台算法实践过程中以及发挥了怎样的作用与影响，笔者首先对 K 平台所面对的政府监管机构进行了系统梳理，同时结合参与式观察和深度访谈等定性研究手段，对平台内部管理人员（政府关系部门 3 名）、内容运营人员（政务号运营人员 3 名）、审核人员（内容评级审核人员 2 名）和算法工程师（内容安全算法工程师 2 名）进行了针对性的交谈和信息采集，了解到上述各个部门应对政府监管部门和公共舆论监督的相应举措（访谈对象的具体编码，如表 6-1 所示）。笔者同时参与了 K 平台内部应对政府监管法律法规学习培训的课程与讨论。所收集的定性材料包括 K 平台内部参与式观察的田野笔记与访谈各部门人员获取的内部文档材料、口述资料。同时，本研究还收集了 K 平台 App 应用上线以来引发社会公众讨论的媒体报道、舆论事件并进行话语分析。

表6-1　K平台内容监管相关访谈对象的编码信息

受访者部门	访谈对象	受访者部门	访谈对象
政府关系部门	G1；G2；G3	内容运营（政务号）	O1；O2；O3
内容评级/审核部门	C1；C2	算法工程师（mmu 技术中台）	M1；M2

注：涉及公司内部人员，因受访者要求不公开个人具体信息。

一　算法是否应该有价值观？

（一）技术例外论的神话破灭

在 K 平台之类的算法分发平台利用各种算法实践赚取用户注意力从而赢利颇丰发展如火如荼之时，"算法是否应该具有价值观"这一命题掀起了公共话语的巨大争论。不同的传播主体和利益相关者借助媒体资源，围绕算法推荐的内容质量、技术透明、正负效果等方面形成话语交锋，从而呈现差异性、动态性的话语实践。

2017 年下半年开始，诸多算法分发平台出现内容低俗、内容价值失当等问题，媒体开展持续性报道，引发了全民关注推荐算法价值观的讨论。2017 年 9 月起，以《人民日报》、人民网等官方媒体为代表连续发文[①]，多篇社论矛头直指算法分发平台，批评平台价值观缺失、算法推荐机制的不透明性，导致信息茧房、用户沉迷等问题。推荐算法成为公众舆论的"讨伐"中心。同样，K 平台因各种内容价值尺度问题频频被媒体"问责"，比如 2018 年大量"早孕妈妈"视频等低俗内容被央视点名批评。笔者整理了2017 年以来，媒体聚焦 K 平台内容失当的新闻报道（见表6-2）。

---

① 　2017 年 9 月，人民网推出《不能让算法决定内容》等"三评算法推荐"系列评论。

表 6-2　K 平台涉及内容失当问题案例（2017 年以来）

2017 年 1 月,巴林右旗公安机关通报,一网民在 K 平台传播暴恐视频及血腥图片
2017 年 10 月,14 岁少女在 K 平台晒怀孕视频被公众举报
2018 年 2 月,央视焦点访谈"重拳打击网络乱象"点名 K 平台存在未成年人打赏问题
2018 年 4 月,K 平台在官方微博对未成年生子事件做出回应,查封一批视频和账号,关闭算法推荐功能、升级人工智能识别系统,加大人工审核力度;K 平台 CEO 发表道歉文章;4 月 4 日,国家新闻出版广电总局会同属地管理部门约谈 K 平台主要负责人,依据《互联网视听节目服务管理规定》,责令 K 平台整改;K 平台 App 在安卓手机各大应用商店下架,平台清理 5.1 万条视频,封禁用户 1.1 万余人,紧急扩充审核员队伍
2018 年 8 月,北京市文化市场行政执法总队对 K 平台 App 北京 K 平台网络科技有限公司作出警告和罚款的行政处罚
2019 年 4 月,四川荣县公安局发布警情通报 K 平台某女为博眼球增加粉丝量戴红领巾在田间捕鱼,K 平台深度排查和专项治理涉违规非法使用红领巾等少先队标志标识的相关内容
2019 年 8 月 19 日,一 K 平台主播多次"恶意"给两位俄罗斯老人送酒,并引诱老人酗酒骗点击被用户举报
2019 年 8 月 20 日,K 平台网红乞丐哥利用自己的"网红"身份,拐卖未成年人、强迫卖淫等案件
2020 年 9 月,北京市市场监管局召集美团、饿了么、京东、微店等 6 家互联网企业负责人,召开落实"长江禁捕打非断链"工作电商平台行政约谈会

如上所述，诸多算法分发平台从 2017 年开始，面临以官媒为代表的主流媒体关于"价值正确性"的拷问。那么它们又是如何回应的呢？起初，T 平台创始人兼 CEO Z 某在接受《财经》杂志采访时表示，其坚持所谓的算法技术中立性，认为不干涉算法分发内容，才是最好的内容管理。Z 某宣称，算法是没有价值观的，T 平台只是一个使用算法来分发内容，自动化、智能化地推送新闻的信息分享平台，拒绝将算法分发平台作为媒体公司来看待。可以说，他希望在科技中立概念的掩盖下，逃避政策法律的监管，以及道德伦理和社会公共舆论的监督与制约。2018 年初，T 平台首席算法架构师 C 某首次公开了 T 平台推荐算法的基本原理、算法模型设计与算法策略。这次公开算法的基本原理，让外部对处于舆论风暴中心的算法系统有了初步了解。但算法透明化的尝试并没有完全逃避掉政府监管部门的追责。面对舆论的强大压力和政府监管部门的强硬介入，T

平台客户端被下架整改，平台负责人接受政府监管部门约谈。在国家新闻出版广电总局责令永久关停旗下某客户端软件及公众号之后，Z某正式发表致歉信，并启动一系列整改措施。同样，K平台也面临着被政府监管部门约谈、整改、下架的整治举措。K平台CEO面对媒体"声讨"和政府监管部门的强制性举措，立即发表声明向公众传达一种企业积极履行社会责任的态度，承认算法是有价值观的，算法的背后是人，算法的缺陷就是价值观上的缺陷。

> 我一直在反思，我们做K平台社区的初衷是希望让每一个人都有能力记录自己的生活，每一个人都有机会被世界看到，从而消解每一个人的孤独感，提升每一个人的幸福感。现在看起来，我们做得不好，社区发展在一定程度上偏离了原来的方向。如果社区发展不能遵循初心，一切会变得没有意义。社区运行用到的算法是有价值观的，因为算法的背后是人，算法的价值观就是人的价值观，算法的缺陷是价值观上的缺陷。（K平台CEO，公开声明时间20180404）

在政府监管部门强硬的整改举措下，算法分发平台"技术例外论"的神话破灭了。无论科技公司怎么宣称技术中立性，平台带有怎样的利他目的——无论是带动内容生产者创业，还是满足消费者多样化内容需求的"共享平台"——在政府监管部门的角度，如果出现规避不利政策和监管套利的行为就会被整治。因为在政府监管部门看来，平台企业的算法实践存在"合法性政治风险"，具体又可细分为实践合法性、道德合法性与认知合法性的风险。

技术例外论神话的破灭，为本章理解技术与监管之间的关系提供了一个理论的出发点。将中国当代社会治理的政治语境应用到互联网内容生态管理时，我们大致可以预测，政治权力将通过官方话语发声渠道（官媒等主流媒体）对平台的算法实践实施公开规训，而互联网商业公司在依托算法驱动的智能技术快速崛起的同时，不得不应对技术创新所带来的复杂社会后果与争议：为了争取政治支持，维持组织的制度合法性，它们必然需要对算法系统进行"价值重塑"，努力实现算法的正当性。算法的"正当性"这个概念大致可以揭示出当代中国政企关系的一种常见表征。这一概念也时刻提示我们，不能忽视政治力量对平台算法实践的管控，而在以私人公司为主要所有权形式的平台企业内部，政治力量总是可以找到介入并对算法系统的运行规则进行非正式规制的契机，使之符合公共利益期待的一个建构过程。

（二）"价值正当性"和"绩效正当性"：两种建构实践

具体到 K 平台的适应性回应，可以简述如下：当整个算法推荐行业遭到主流媒体的舆论声讨时，一方面，K 平台以发表道歉声明等公关话语的方式消解主流媒体对算法推荐的质疑；另一方面，K 平台迅速调整算法话语策略。首先，K 平台不断申明"积极配合政府监管、维护平台内容生态健康"的态度，其背后逻辑在于在政府监管压力下，平台被动建构算法"价值正当性"，让渡经济利益，用更加主动积极服务主流意识形态传播的姿态，巩固平台生存、发展的长远空间。比如 K 平台多次公开声明表示：

> 对于算法推荐我们大致遵循如下四个原则：①只有符合国家法律法规、遵循社会公序良俗的作品，才能进行算法推荐。②所有的算法规则，必须服从健康积极、阳光向上的价值观。③改进算法，优先推荐个性化的更符合用户兴趣的正能量作品，放大优秀作品的影响力、感染力。④与高校开展 AI 技术及人才合作，不断提升视频分析理解方面的算法技术能力，并应用到视频管理策略中。（政府关系部门受访者 G1，访谈时间 20201017）

其次，主动采纳建构算法"绩效正当性"的一系列策略性实践：比如，与专业媒体、政务机构建立长效合作机制；主动邀请各级党政机关、主流媒体进驻 K 平台；通过发布政务信息，不断丰富内容来源、优化资讯质量，以改进平台内容生态。具体做法包括：在 K 平台的算法体系中，既有对普通人给予普惠流量曝光的机制，也有对正能量内容进行优先推荐的算法策略；对政务机构发布的内容进行流量扶持；通过平台端内优质资源位助推优秀内容传播。

笔者与 K 平台内容运营人员访谈后了解到，K 平台积极响应国家脱贫攻坚战略，全力打造了正能量内容推荐策略，涵盖了重大主题宣传、中央和地方政务合作、区域扶贫、企业公益、正能量用户运营等板块，特别是中央和地方主流媒体 K 平台账号发布的内容获得流量扶持，实现很高的曝光量。

同时，共同策划正能量内容运营活动，在内容层面进行深度合作：

在 K 平台的算法体系中，既有对普通人给予普惠流量曝光的机制，也有对正能量内容进行优先推荐的设置。过去一年，社区网友在 K 平台上自发点赞 1400 亿次，正能量内容广受欢迎，特别是中央和地方主流媒体 K 平台账号发布的内容获得了很高的阅读量和点赞量。同时，K 平台积极助力脱贫攻坚国家战略，今年 1~8 月，超过 1900 万人在 K 平台获得收入，其中 1/4 以上的受益人群来自国家级贫困县……K 平台全力打造了正能量板块，涵盖了重大主题宣传、中央和地方政务合作、区域扶贫、企业公益、正能量用户运营等。比如，新中国成立 70 周年主题宣传中，K 平台得到了中央网信办和北京市委网信办的指导，特别是得到了央视独家信号资源的投放支持，在阅兵直播、大型主题活动、技术爆款方面亮点频出，取得了很好的宣传效果。阅兵直播、联欢直播以及央视新闻 K 平台账号 70 小时不间断直播，累计收看超过 12 亿人次，其中 70 小时直播总观看人次突破 10 亿，最高同时在线人数突破 600 万。"国庆大联欢"H5 播放量超过 2.7 亿次；"我爱我的国"大型主题宣传活动相关短视频作品达 800 多万件，点赞量超 18 亿次。在 "1+6" 多链路直播间里，K 平台用户在全景式、沉浸式感受阅兵视听盛宴的同时，也尽情地表达着对伟大祖国的热爱之情。正是因为央视大屏和 K 平台小屏的有效互动，才能产生如此好的传播效果……今年上半年，K 平台联合《人民日报》、新华社、央视新闻等，开展正能量内容合作 158 次，主题征集 101 次，活动总播放量达 140 亿次，K 平台定期进行内容输出，每年向《人民日报》、新华社、央视新闻等 20 家主流媒体提供 1000 多条精编视频。（政府关系部门受访者 G2，访谈时间 20201201）

　　从中央到地方，众多媒体纷纷入驻 K 平台。截至 2021 年 1 月，入驻媒体号已达 2000 个；K 平台合计助力至少 1000 个媒体号实现"私域流量"变现。因此可以说，K 平台面对主流媒体、政府监管部门先后多次针对内容生态价值失当发声，并针对算法推荐建构起批判立场的话语时，试图通过话语重构和行动适应两个脉络，将算法实践"主流化"以便能被收编进入管制框架，让算法实践更好地服务于政治宣传和舆论引导。这一利用批判话语达成的公开规训过程，体现出以官方媒体为代表的行政监管权力努力掌控传播领域的话语权和主导权，从而达成对算法分发平台这样的新入局资本行动者的制约作用。算法平台无论是被动接受监管部门整治，积极表明整改的决心，还是主动增强算法向主流价值观靠拢的业绩实践，都呈现出一种建构算法正当性的姿态。尽管技术例外论的神话破灭，但平台公司仍然主动借助政治资本的积累与扩张，为算法正当性争取更多的文化资本和象征资本，以缓解其早期算法实践导致的社会舆论压力，强化各方对算法助力主流意识形态传播的理解和认同。

　　围绕算法话语实践的争议展现出算法正当性的动态过程，从表面上看，是算法的技术正当性和人类主体性之间的价值断层，但算法是否有价值观这一争议的话语背后，是运用智能技术的平台公司崛起与势力蔓延，打破了原有传播体系的权力格局。技术驱动的互联网商业公司"进场"是否也应遵循主流舆论引导功能？是否也应具有价值判断进行正负信息调控和宣传仪式建构？是否也要为主流意识形态传播贡献自己的影响力？政治权力与商业资本之间不仅在算法"正当性"上展开话语争夺，也在新一轮的算法实践中展开了力量博弈。

用户增长、平台注意力黏性、消费者至上的社会化内容生产和分发已经是信息传播领域的主流趋势，国内的算法分发平台与以 Facebook 和 YouTube 为代表的海外平台一样，都在深刻地改变着传统信息传播的格局。智能化数据采集、算法内容识别、分发技术已经成为传播格局重塑的关键变量。算法分发平台所代表的技术力量对原有的传媒利益格局造成了冲击，也带来了一定的社会负面影响。实际上，算法分发代表的技术力量在商业化逻辑运作下，必然要接受主流意识形态的主导和管制，必须在特定的政治文化语境下展开算法实践。政治权力对算法实践的行政收编与改造，经过话语对抗、规训，也经过微观行动，实现了规制化的强化效果。最终 K 平台做出了行动上的妥协，对算法系统的真实运行情况进行策略上和规则上的技术改造，使其进一步服务于主流意识形态传播的同时，也运用实际掌握数据控制权与算法技术的优势适当制约了政治权力的渗透与扩张，实现了自身在信息传播分发场域中的符号权威与利益再分配。

二 算法治理：微观政治逻辑下形塑算法实践规则

针对算法价值观争论的公共话语已经让算法的技术黑箱逐步透明化，相对开放的技术环境并不仅仅指将技术运作的原理与规则公之于众，还引起政府监管部门及公众对算法工具理性所带来的负面后果的警惕与反思，让人们意识到算法价值规范的紧迫性，让政府监管部门更加重视技术变革对意识形态传播的效用与影响。那么政府监管部门又是如何在规范算法运用的同时，积极利用算法来优化内容生态、提升传播效能的呢？

当市场主体的活动产生社会和经济上的负外部性时，政府监管部门往往会采取法治、行政措施对其加以规制消除负外部性。算法实践的失当如果引起法律规定的危害后果，则程序的设计者或运营商须负一定法律责任。国务院于 2017 年发布的《新一代人工智能发展规划》（国发〔2017〕

35 号）中，要求"建立健全公开透明的人工智能监管体系，实行设计问责和应用监督并重的双层监管结构，实现对人工智能算法设计、产品开发和成果应用等的全流程监管"。

本章所涉及的算法治理（algorithm regulation），指的是政府监管部门所代表的政治权力如何对平台算法实践进行引导、规范或者监管的整个过程和程序，包括对算法实践价值目标和算法制度设计层面的影响和调控。在算法治理的过程中，需要更加精细化地思考如何制定约束算法运行的规则，这种精细化便是可称为"微观政治"的技术化实践。

"微观政治"这一具有弹性的概念早已被用来描述国家的立法机构对各种细节的干预（Mayer，1993）。大量国外研究呈现了政治力量在不同领域的微观政治实践（Decker，1997；McKeown，2005）。国内学者也观测到中国权力实践的现实，已经从总体性支配（macromanagement）转向微观政治（micromanagement）（黄晓春，2017；渠敬东，2009，2012；王雨磊，2016）。同样，在本书的研究过程中，我们也发现，政治权力渗透到互联网平台组织内部的技术流程中，实现了国家权力技术化的过程；而对算法治理的行动策略也遵循着"微观政治"的治理逻辑，循序渐进地开展，最终达到意识形态和技术约束两者均衡交织的状态。

但在不占技术优势、常常处于信息不对称状态，且缺乏完全数据操控权的前提下，政府监管部门的算法治理将如何展开呢？监管部门又是如何依据国家的主流价值观，或遵循怎样的规则去指导平台的算法实践的呢？这一指导过程如何展现其动态博弈性呢？尽管政府监管部门有超越特定部门、群体和阶层的强制性，在追求和实现国家利益与目标时，会根据实际需要、组织价值观和偏好来干预技术治理（Castells & Cardoso，2006），但面对算法治理技术的复杂性，以及算法实践过程中的运作自主性逻辑，政治权力也必须参照算法实践的运作特征才能施展其影响力和约束力。

首先，从平台算法实践的整体过程来看，算法实践的技术自主性已经形成一套标准化、技术化的操作流程，因此，政治和监管权力对平台算法实践进行干预时，本身必须融入日益复杂、精细设计的编码过程中。用户生产内容上传，算法分发平台进行算法分发，用户产生消费行为并引发舆论反馈，可以说，整套内容生产和消费的环节，都离不开 AI 算法的参与。政府监管部门的日常监管行为也不可避免地会与平台管理者、算法实践设计者和实施者的算法实践行为产生冲突和互动。

其次，算法实践代表的也不仅仅是工具意义上的机器部件或技术配置，还是人与代码结合运行的规则，或者说是一种技法。算法治理，意味着政治权力面对的是一整套为完成特定目标所涉及的技术活动。正如温纳所说的那样，技术的自主性存在控制的可能性，但也会有失控的风险（温纳，2014）。面对追求效率与理性的算法运行规律与平台商业逻辑的实际控制权，政治权力如何"入场"算法治理？在本书看来，政府监管部门至少经历了规则合法性建构、意识形态隐性传递和强制性政策监管这三种形塑算法实践的治理策略，循序渐进地将算法实践纳入可控的规则范围内，既对算法实践给予"准行政权力"支持，在算法实践"失控"时也实施强制的政策与社会性制裁。

（一）算法实践的规则合法性建构

在互联网商业公司拥有数据并实际掌控算法的情况下，政府监管部门要想对算法治理产生实质性的制度化影响，就要有意识地调整自身的监管策略，以新的方式进行治理。实现算法实践的可控性，首先取决于从组织内部的技术运行中拥有技术能动性，算法实践的运行规则必须保持可控性才能有效地确保在组织内部形成约束性力量。

1. "内容安全"意识是算法系统运行的"底线"

在算法分发平台崛起之前，内容的审核和分发都是人工编辑进行把关，但随着用户生成内容的数量指数级增长，依靠人工进行内容审核已变得不可能（Ofcom，2019）。互联网平台会采取 AI 算法对用户上传内容进行自动审核，平台对其用户发布的潜在有害内容所承担的责任便不断扩大，这进一步促进了机器学习算法的部署（Gollatz et al.，2020；Keller，

2018）。目前，每个互联网平台都会有自主研发或第三方提供检测接口的智能审核系统，对用户上传的内容进行快速检测。当识别内容安全的职责落到算法系统手中时，机器学习算法如何能被训练着在观众看到内容之前识别出"不安全"内容呢？

在 AI 算法进行内容审查的过程中，其充分反映出算法系统对法律及政府监管部门非正式期望的回应（Kreimer，2006）。政治权力对商业化平台算法实践的渗入，从内容安全审核算法系统开始，逐渐建构起了一套标准化、程式化的规则体系。政府监管部门的多种规制性制度，不仅通过法律法规和政策的颁布，内化成为平台组织内部工作人员的内容安全意识，成为协调组织工作人员技术活动的准则与惯例，也成为算法系统运行过程中所需遵循的指导规则和安全底线。AI 算法主导的内容自我审查，成为政府监管部门实现算法治理"可控性"的手段之一。

对于掌握数据与算法操控权的平台来讲，自我审查确实实现了某种意义上的自我"确权"，但是政府监管部门并没有被剥夺"授权"的能力。互联网的内容安全从来就不是法外之地。从 2017 年《网络安全法》正式实施，到 2020 年国家网信办等 12 部门联合印发《网络安全审查办法》（其中强调"网络安全审查坚持防范网络安全风险与促进先进技术应用相结合"），算法治理已然成为政府监管部门应对平台企业内容生态风险控制的策略性手段。平台企业承担内容审查的具体职责，政府监管部门通过正式法律法规引导，将网络事务治理权发包给平台企业，同时通过"行政约谈"等负向激励的行政手段予以驱动（于洋、马婷婷，2018）。智能化的内容审核系统执行"准行政执法"功能，将政府监管部门的内容安全监管要求嵌入 AI 算法自动审核的体系中（Koren & Perel，2020）。

从 K 平台的算法实践来看，AI 算法可以基于有监督的学习，对样本数据做标记（打标签）来进行算法训练，以区分禁止和合规的表达实例。例如，为了训练系统清除涉政、涉恐、涉暴、涉黄等违法违规内容，训练数据必须有标有这些违规内容标签的图像，以及标有"合规""不合规"字样的图像给机器学习和识别。有了足够的训练数据，系统应该学会区分违规宣传内容和其他内容。经过算法训练的模型，对用户上传的内容进行预测识别，通过敏感词、图像/视频抽帧、OCR、语音等内容形式对涉及政治敏锐性的内容进行自动化操作（例如封杀、屏蔽、禁止推荐、删除、账号降级、封号等）。

比如 K 平台的内容审核系统，算法在识别内容安全性时，时刻保持政治敏锐性：算法会对违反国家法律法规、传播国家禁言事件、煽动颠覆国家政权、宣扬民族仇恨、传播国家领导人或其亲属相关的不实信息等内容进行智能化识别。根据涉政敏锐程度，不同的内容会产生不同的"违规"权重，而算法则自动审核并进行等级化判罚（见表 6-3）。

表 6-3 涉政算法识别情况分类规则举例

涉政内容类别	算法识别方式/位置	算法智能封杀红线
涉政主要领导人	敏感词（姓名/含叙述）；图片标题、封面有领导人清晰图片，语音，视频抽帧等任何相关内容	①恶搞、讽刺、攻击、抹黑 ②家庭背景、个人履历 ③领导人营销 ④古今对比 ⑤特殊称呼 ⑥历史上存留的个人视频
党和政府负面形象		①维权上访；②下马官员，贪污腐败分子
英烈保护法		辱骂、用于广告、搞笑、漫画化
老一辈政治领袖和部队将领（不含政治敏感人物）		①辱骂批评、古今对比、攻击体制 ②绝对性的夸大歌颂
高危政治敏感人物		（此处隐击名单）出现 1 张图片就需封禁
红头文件/会议现场		明显仿造、内容敏感反动
政治军事外交敏感话题		①批评中国社会制度或者政治政策（港台等） ②疫情期间的政府不实内容 ③唱衰中国经济、军事和科技等 ④政治谣言和军事谣言 ⑤台湾选举路演、选举拉票 ⑥港独破坏现场图片视频
高级黑低级红		看似歌颂党政政策，实则讽刺（此处举例隐去）

注：具体算法实践规则举例不在文中详述。

2."风朗气清"内容生态是算法实践的政治目标

K 平台的算法审核系统不仅要对政治信息时刻保持敏锐性，而且针对其他如涉恐、涉暴、涉黄、违反未成年人保护法、影响社会公序良俗的内容，都要进行识别和审核。算法系统的智能识别，在平台企业追求经济利益最大化的同时，承担着政府监管部门相关制度的安排变化，理性肩负着社会公共责任。互联网平台的内容生态不仅要符合体制监管要求，也关乎平台企业的生存。政府监管部门与平台企业之间形成"责任—利益"连带的制度性关系，促成"风朗气清"生态空间的算法实践，成为双方共同追求的目标。

从互联网内容监管历年的正式制度安排来看，政府监管部门对互联网内容生态的监管规则越来越细化：从《互联网信息服务管理办法》对 9 类禁止传播的内容（违反宪法基本原则、危害国家安全、损害国家荣誉利益、破坏民族团结、破坏国家宗教政策、散布谣言扰乱社会秩序等信息）进行明确规定后，国家互联网信息办公室发布的《网络信息内容生态治理规定》（2020 年 3 月 1 日起施行，以下简称《规定》）对互联网内容生态治理的要求更加细化。比如《规定》增加了"歪曲、丑化、亵渎、否定英雄烈士事迹和精神，以侮辱、诽谤或者其他方式侵害英雄烈士的姓名、肖像、名誉、荣誉的信息""使用夸张标题，内容与标题严重不符的不良信息""不当评述自然灾害、重大事故等灾难的信息"等多个条款，都列入《规定》禁止传播范围之内。

这些"硬法"的颁布与施行，直接导致平台企业内容审核范围的扩大，使得算法实践对内容审核和分发的监控更加严格，随时需要响应政府监管部门的监管要求。比如，应对《规定》中对"使用夸张标题，内容与标题严重不符的不良信息"的监管要求，K 平台算法实践中用于识别"标题党"的模型在 2019 年 8 月 15 日开始上线。笔者在 K 平台进行田野调查时，深刻感受到每一位算法工程师在设计、调试、上线算法模型的技术操作规则时，其内化于心的技术规范必然是"安全与平台利益共存"。每逢重大事件、重大节日和政府启动监管整治的阶段，都要时刻对平台内容的变化，保持警醒和敏锐的状态：

> 在面对政府监管部门的重大专项整治行动期间，保证平台内容生态一定是安全的。（政府关系部门受访者 G1，访谈时间 20201119）

2019 年 1 月，国家网信办正式启动网络生态治理专项行动。此次行动持续开展 6 个月，主题是对各类网站、移动客户端、论坛贴吧、即时通信工具及直播平台等重点环节中的淫秽色情、低俗庸俗、暴力血腥、恐怖惊悚、赌博诈骗、网络谣言、封建迷信、谩骂恶搞、威胁恐吓、标题党、仇恨煽动以及传播不良生活方式和不良流行文化等 12 类负面有害信息进行整治。在这期间，K 平台积极应对，在内部不断规范化自己的算法实践，加强内容识别、审核，更新迭代算法模型，尽量做到算法策略随时响应政策法规的变化。这次网络生态专项行动后，K 平台内部开始构建净化平台内容生态的算法识别体系，自动识别、审核违法违规的信息是最基本的政治目标。在国家监管部门对平台内容生态监管规则日趋严格与细化之时，算法系统承担的不仅是"执法"功能，还要兼顾净化网络内容生态的政治目标，指导算法实践的规则体系从基本的政治安全底线坚守，开始转向内容质量、观感等体系构建任务。截至 2020 年 12 月末，K 平台为了净化平台的内容生态，打造了综合性的算法识别判定内容质量的规则体系，生成"恶心/观感不适/画面感"短视频模型、"性暗示/两性交友"模型、"文字牛皮癣"模型、"封面党/标题党"模型、"卖惨"模型、"文字诱导"模型、"低质量"模型等子模型，综合性地对每一个用户上传的内容进行打分，以此实现质量评判（见图 6-1）。

利用算法识别建立起的内容质量体系中，各模型的召回率在 80% 左右。在采取算法模型自动审核和识别内容之后，结合人工审核流程大大提高了模型的准确率：人机协同模式下，模型能够过滤掉的视频比例达到 90% 以上；先行的模型自动过滤大大降低了人工审核的压力，目前每种类型需要 7k/天~18k/天不等的人工审核量。如表 6-4 所示，截至 2020 年

输入视频ID或URL： **　　　[内容理解]

视频标题：看天空#吉他#指弹
视频作者：**

上传时间：2019-07-22 15：26：01
播放量：36898 点赞量：3232

质量分数
视频分数
观感不适：低（0.0686，分数越高观感不适程度越高）
卖惨：低（0.0049，分数越高卖惨程度越高）
封面党：低（6.0E-4，分数越高封面党程度越高）
高观感：高（0.8083，分数越高高观感程度越高）
牛皮癣：低（0.0，分数越高牛皮癣程度越高）
高热劣质：低（0.0617，分数越高高热劣质程度越高）
冷启动劣质：低（0.033，分数越高冷启动劣质程度越高）

性暗示：低（0.2219，分数越高性暗示程度越高）
标题党：低（1.0E-4，分数越高标题党程度越高）
视频综合质量：高（0.7782，分数越高质量越高）
清晰度：4.6195（分数越高，视频越清晰，范围[2~7]，小于4.2为不清晰）
三段式：低（0.0544，分数越高三段式程度越高）
黑屏骗赞：低（0.0349，分数越高黑屏骗赞程度越高）
视频清晰度：高（0.5094，分数越高视频清晰度程度越高）

作者分数
作者综合质量：高（0.6911，分数越高质量越高）

图 6-1　算法识别内容质量分数个案

资料来源：K 平台技术中台，2020 年 10 月 16 日。

10 月，K 平台已经大大减少了发现页/同城页上各类内容质量问题视频/直播的占比。

表 6-4　算法识别内容质量模型举例

单位：%，k/天

模型	召回率	精度	过滤掉视频占比	后续人工审核量
观感不适	80	85.4	92	13
性暗示	80	53.5	89	18
卖惨	80	16.03	95.64	7
标题党/封面党	80	20.5	95	8

资料来源：根据 K 平台技术中台内部资料整理，2020 年 10 月 16 日。

3."分级分发"算法规则合法性建构

如上所述，伴随着政府监管行动给各大内容分发平台带来的内容合规压力日益增大，其算法实践中的识别、审核规则的建构也更加规范化、制度化。与此同时，这一转变也改变了算法分发的规则与价值导向。具体到 K 平台而言，当它面对政府监管部门法律法规、政策的监管，面对"朗清"网络空间的倡导等政治压力时，其内容价值主张不得不发生根本性转变："看见每一种生活"的普惠算法实践，已经开始转向"拥抱每一种生活"的算法实践。

K 平台的内容主张不再是"普惠"，而是"多元"。普惠是广泛地给予恩惠，平台算法实践给予内容生产者最大限度的公平性流量，每个人生产的内容都会获得相对较好的注意力分配地位。但"多元"的内容主张，则是在保持和尊重各种不同内容和作者的基础上，准许一部分人因为更好的内容获得更好的注意力分配成果和由此而来的更大利益。同时，对于劣质内容并不给予"普惠"利益。平台算法实践也开始"拥抱"优质内容，"打压"劣质内容（见表6-5）。"正能量""符合社会主流价值观"的内容生态，既能满足政府监管部门的监管需求，也能减轻社会舆论的压力。算法中关于内容分发的价值导向，日渐趋向于"主流价值观"，与官方权威达成合意。

表 6-5 K 平台算法分发内容主张举例

	正向（优）	负向（不推荐）	负向（降级）
多元	➤ 多元是基础，以下内容筛优的定义 ➤ 过滤方式，每个环节监控生态多元		
真实	➤ 真人拍摄记录自己的生活，有故事有情节有内容，有观赏性 ➤ 真人演出，通过表现真实生活中的故事，演绎、表达真实的情感，具有一定的故事性和观赏性 ➤ 新闻、娱乐等当前真实发生的事件	➤ 假冒官方 ➤ 金钱欺骗 ➤ 冒充言论 ➤ 假拍假唱 ➤ 虚假拼接 ➤ 诱导互动 ➤ 骗赞/骗完播 ➤ 封面党 ➤ 黑屏字幕	不真实： ➤ 动画 ➤ 鸡汤故事

续表

	正向（优）	负向（不推荐）	负向（降级）
美好	➢ 记录日常美好的生活 ➢ 手工艺人的工作记录 ➢ 用户的 Vlog ➢ 用户拍摄的让人看了能够生活更加快乐的视频 ➢ 用户拍摄的段子等让人开怀大笑的内容 ➢ 用户创作或二次创作的影视内容	不美好或令人不适 ➢ 血腥暴力 ➢ 密集恐惧 ➢ 面容扭曲 ➢ 恶心不适 ➢ 肢体残缺/手术/医疗美容特写 ➢ 尸体死亡等血腥危险的动作	不美好 ➢ 负面情绪 ➢ 社会负面风气（出轨/拜金/包养等） ➢ 负面新闻
温暖	➢ 励志努力的生活 ➢ 奋斗的故事 ➢ 温暖的亲情友情爱情	➢ 色情性暗示 ➢ 对女性怀有恶意和性暗示 ➢ 污言秽语 ➢ 不当教唆，尤其对未成年人	
有用	➢ 内容具有较强的指导和实操信息量，有较强的知识性，可以发挥帮助用户成长或决策的作用 ➢ 可以帮助用户学到新的真实知识 ➢ 可以帮助用户辨别真伪，有可靠描述 ➢ 可以帮助用户解决难题，展开详细、有效且不过时的描写 ➢ 可以帮助用户决策购买，有详细且多维度的描绘	➢ 虚假欺骗信息 ➢ 虚假医疗信息 ➢ 虚假广告信息	

资料来源：田野笔记，K 平台内部会议整理，参与式观察时间为 2020 年 12 月 8 日。

　　总结来看，在 K 平台内部将普通人的生活被"看见"作为产品价值观，因而内容生产积极性被极大地调动起来之后，它也日益受到社区内容生态"隐疾"——内容质量参差不齐，影响用户的观感体验与留存——的困扰。在政府监管举措和公共舆论批评内外双重压力下，K 平台社区内部不得不开展对劣质内容分发的打压，鼓励更多优质内容的分发。笔者在 K 平台技术中台实习期间有幸观察到了算法工程师如何面对劣质内容生态，建构起多模态技术识别体系的整个过程。通过他们的努力，K平台不仅建立了 AI 算法识别内容质量体系，也形成一整套区分内容"优劣"的算法分发实践。K平台某推荐系统算法工程师告诉笔者：

> reco（K平台的推荐系统）总结了一套从索引、召回、粗排、精排的全链路优化方案，循序渐进地建立优劣流量控制体系，通过干预优劣质流量分布：在内容供给、召回触发、社区规则、排序、打散整个链路上对优质视频进行助推。（推荐算法工程师 R1，访谈时间20201209）

由此可见，K平台目前已经搭建起一套完整的作品分级和流量分发的流程机制：运营和风控在作品创作的不同阶段介入，通过机审和人审打上不同的分级标签，reco 获取分级结果后做相应的分发。这便是以分级分发为基石，从顶层重构推荐流量分发的机制设计。

> ①索引：允许优质内容最多拓展到 180 天生命周期，非优质内容最多 7~30 天。②召回：让优质内容在流量分发上充分享受红利，尝试改造兴趣主要触发源，索引中只放优质和普通的视频，不出非高热审、灰度和劣质内容。③淘汰：对劣质内容直接在召回阶段过滤，并从索引中删除，退出流量分发。④封顶：对灰度和普通内容限制流量成长速度和总流量。⑤助推：梳理和放宽对优质内容不合理的社区规则、打压策略，在排序中对优质内容做个性化提权。（推荐算法工程师 R3，访谈时间 20201209）

总结来说，K平台围绕上传内容的安全和质量进行自动识别、审核、分发的算法实践，是在政府监管部门的监管要求，以及"朗清"网络空间行动的"授意"下开展的，最终逐渐形成了规范化的算法实践规则体系，体现了政治权力对算法实践的规则可控性要求，而正是这种可控性要求，决定了一套新的算法治理实践被生产出来，算法实践与政治权力达成了有效的合作和协调。同时，AI 算法主导的内容审核与识别的标准化程序、量化的结果评价，也成为政府监管部门考核、监管、检收平台内容安全绩效的有力手段，给予政治权力介入互联网公司组织内部实现有效技术要素控制的可能。综合来看，政府监管部门"微观政治"逻辑下的算法治理，由于吸附了技术治理的能力而使得国家的力量进一步强化。

（二）算法实践如何实现政治优越性？

政治权力干预平台算法实践的目标，在于促使国家获取对算法治理的把控和规制能力，而 K 平台内部也时刻保持着与政治权力的亲和性与敏锐性。对国家治理来说，算法实践不仅是一种制度化的技术规则设计过程，更是在算法实践中传递了政治权力的偏好，增加了政治权力随时可以干预算法实践的途径。那么，政治权力又是如何在偏好传递的过程中形塑了算法治理实践的呢？

一方面，政府监管部门作为理性的利益行动者参与到平台算法实践之中，维持它管控算法实践过程的权威地位；另一方面，它向平台的算法系统直接传递了政策、指令和政治意志偏好。

1. 算法给官方"权威"的审核豁免权

K 平台在经过"算法价值观"大讨论后加强了与官方媒体的合作，引入了一批政务账号和媒体账号（见表 6-6）。这些账号在 K 平台被拆分为 5 级，K 平台在对其内容进行分发时，由于对其官方权威保持一定程度的认可与遵从，算法审核会自动为这些政务账号和媒体账号发布的内容打上官方认证的标签（比如 B 审通过标识）。在算法分发的过程中，这批账号会自动进入"白名单"，不仅具有人工审核豁免权，在推荐系统分发时也不会被算法策略过滤、打压，能够快速获取流量。

表 6-6   K 平台政务号与媒体号统计数据

单位：个

类别	媒体账号	政务账号
一级	45	10
二级	20	541
三级	20	1357
四级	9	2070
五级	4063	717
总计	4157	4695

注：政务账号会自动豁免；数据统计日期为 2020 年 10 月 19 日。

笔者在 K 平台进行田野参与式观察时了解到，算法审核在减轻人工审核压力时，也会筛选出一部分"白名单"内容生产者（账号），根据模型预估分数（白分数>0.4），在进入观感审（B 审）后直接判定免审，认为 B 审通过（其中白免审机制于 2020 年 3 月上线）。但是上线后：

> 由于机制漏洞，本应免审的媒体/政务号资源无法进入 B 审，也就没有设置 B 审通过标识。未通过 B 审的视频 reco 中会终止分发，导致这部分本应免审的媒体/政务号资源反而无法获得流量。（内容审核部门受访者 C2）

于是，K 平台算法工程师立即部署算法策略对"本应白免审的媒体/政务号资源"放开过滤。此外，K 平台对官方账号发布的内容也给出了豁免审核的规则，比如宣扬传播军警正面形象、社会热点事件和突发事件的新闻稿件会有审核豁免权。

> 官方号发布的军警宣传内容，易出现泄密类信息，如部队内部、军事演习、未公开的武器、科研成果、军人自拍等，但此类内容多数情况是做过脱敏处理或媒体方自审的，不会存在安全风险；同样，社

会热点事件也是政务媒体号发布的主要内容，常见内容如车祸、灾害、盗窃、打闹、未成年、群体性事件，违规点在于血腥暴力、未成年不良等，若对视频已做脱敏处理，避免了安全和观感风险。（内容运营人员O1，访谈时间20201116）

内容运营人员认为因为这些账号本身的内容有官方背书，具有新闻发布资质且会对内容的安全性进行自审，也会对内容进行脱敏处理，平台应该给予一定的信任与审核宽容度。笔者与负责内容审核的算法技术工程师交流访谈了解到，K平台的社区规则是保护原创，对内容重复、惯于搬运的内容生产账号实施严格的查重规则，具有一套原创保护算法机制。但是对政务号与媒体号则给予了部分豁免的规则地位：

如果这些账号发布的内容存在较大重复的比例，直接按照现有社区的查重规则进行查重也不合适，因为内容往往倾向于时事热点，需要优化调整。（算法工程师A1，访谈时间20201116）

平台算法在审核与分发实践过程中，已经逐步习得一种认知，那就是"官方权威"发布的内容是受保护的。一般而言，禁止或删除内容的决定可能取决于许多动态变量，如内容是否触发了计算阈值，类似内容以前是否触发过系统，人工干预是否标记了内容或类似内容，以及这些事情发生的频率。而对官方权威的认同与遵从，则成为指导算法系统规范其运行的隐形规则，不断冲击着K平台算法系统对官方权威内容的触发、标记，也不断校准着算法系统预估权威内容的准确性，并对自身下一次判定内容是否合规进行指导。

2.政策导向的运营活动获得算法流量扶持

国家的注意力，不仅在平台的算法治理中对规制性的技术规则进行合法性建构，也在算法实践中时时保持人工干预的政治能力。据此，平台内部给政府关系（GR）部门开辟了一个专门的内容投放系统——GR投放系统（DSP），该系统为完成强监管部门的视频推荐指令和满足强政务部门重点推荐需求而特别设立，其要点是 K 平台公司授权 GR 部门对主站强资源位有优先配置安排权限，给予官方运营内容对公域流量的优先控制权限。根据相关指令和强政务需求，对所配置的内容进行位置强插，并根据配置的内容数量，在发现页上依次展示。政策导向的运营活动对于算法推荐的运行过程进行"强插"，获取用户注意力的最优位置进行内容曝光。而且在这么做的时候，K 平台对官方账号的运营配备助推流量，有时甚至会根据政府监管部门的特殊指令，进行技术系统系数的动态调整。比如，K 平台对政策导向的运营活动给予内容强插的位置，大概在 K 平台 App 发现页的第一、第二号位置曝光（广告位置曝光只能在第四、第五号位置），与国家领导人相关的内容以及强监管部门的指令内容均在发现页第一号位优先曝光。K 平台推荐算法工程师受访时表示：

> 没有商量余地，就是给 GR 部门留的坑位，可以强插内容，推荐系统的算法排序后把这些强监管需求混排进来，甚至是强曝光，因为这些内容投放往往高优且紧急，需要准时、快速生效，服务高可用，否则可能酿成一场 GR/PR 危机。（reco 推荐算法工程师 GR 方向团队负责人 A1，访谈时间 20201202）

在田野调查中笔者也发现，政府关系部门人员口中的"官方"指国家领导人，强监管部门是有指令需求的。而国家领导人的视频内容必须放在第一号首位，使用置顶保护功能进行推荐，并且配合 K 平台的正能量视频进行同步推荐，务必做好周边内容生态的优化，其推荐力度均为全国 100% 量级助推；账号推荐量级优先按照各行政级别可推荐量级进行安排（全国）。具体规则如下：部委级账号，推荐量级 50%；省厅级账号，推荐量级 30%；市局级账号，推荐量级 20%；县处级账号，推荐量级 10%。此外，政策解读类，推荐量级全国范围 50%；政务新闻、宣传类，全国范围上限 30% 或者区域内 100%；国家风采类，推荐量级全国范围 50%；

知识科普类，全国范围上限 30%；区域宣传类，区域内 100%；账号入驻类，全国范围上限 50%；战略合作类，全国范围上限 30%①。最后，只要是在 K 平台认证为官方账号的作者，在 K 平台 App 同城页面会有算法策略的助推机制。

> 涉及的地域性政务号和媒体号较多，已经覆盖 40 多个镇/县/区/市/省，在同城页的首屏左一位置曝光所在地认证作者最近 7 天发布的作品，为认证作者中的本地政务号/媒体号提供更多的曝光机会，扶持其成长。算法策略优先展示用户所处的最小行政范围内的认证作者作品（当读者处于×县时，优先展示×县政务号/媒体号的作品），当读者所处范围内有多个认证作者时，轮流做随机展示。（reco 推荐算法工程师 GR 方向团队负责人 A1，访谈时间 20201202）

总结来说，"政治权威"日渐被平台算法系统所接纳和认可，隐性的政治偏好与价值导向被编码到算法实践中去，政府监管部门的权力意志得到渗透与贯彻，甚至获得一定的流量扶持"特权"。

三　算法实践：政治权力与平台利益之间的张力

AI 算法的规则体系，既要最大化地实现平台的商业利益，也要为政府监管部门实现内容审查、分发偏好的公共职能而转型并出力。在 K 平台算法实践过程中，无法回避发生利益冲突的问题，政治权力与平台利益之间存在巨大的张力，算法系统也经常要平衡平台的商业利益和它们所履行的"准行政"职能。这种利益的权衡有一致的地方，也有冲突的地方。一致的利益可以隐藏在算法系统不透明的技术运作机制中，而冲突性则会被平台以实现利益最大化的系统性设计所掩盖。

---

① 以上资料根据笔者的田野参与式观察笔记整理，观察时间为 2020 年 12 月 8 日。

（一）算法实践标准的弹性化空间

平台的算法实践虽然会被政治权力的"微观政治"逻辑所引导，算法治理也可以成为实现政治权力和政策偏好的立法工具（Mayer，1993），但并不意味着政治权力可以完全驯服算法的商业化逻辑。政府监管部门制定的一系列政策制度由于过于宏观，且具有一定的宽泛性和模糊性，因此在技术化操作时，也给商业化平台公司留下了规则运作的空间。有时候，政治权力对算法实践的指导规则会显得过于碎片化，另一些时候甚至会陷入争议，从而使得正式制度对算法实践的影响容易流于表面。这就给算法系统运行的规则标准留下一个弹性化的空间，既要把握好跟政府部门的关系尺度，也要实现平台自身的利益最大化。比如，算法自动审核内容的尺度尽管是可控的，但仍然还要有审核员的人工把控，以便动态保持平台、用户和监管部门的利益平衡。

笔者曾经在访谈时询问，K平台内部内容审核应对政府监管的处理原则究竟如何。内容审核部门的管理人员和技术人员均认为，整体性的应对原则应该是："首先，保证公司活着；其次，公司别出事（符合监管要求）；最后，内容审查也要平衡内部利益，踩刹车的（内容审核部门）和踩油门（平台商业利益涉及业务部门）的可以有扯皮，但要平衡好，不断加以调试。"

K平台内容审核的算法实践和人工审核流程非常复杂，但政府监管部门的监管规则则是泛化的。平台会根据受众类型而自行把握尺度——"做听话的野孩子，纯听话不行，纯野也不行"。访谈时笔者了解到，算法审核系统可以通过调整模型预测的阈值，对算法预测内容的"合规"分数进行调整，既能将其控制在内容监管的安全范围内，也给平台的用户需求与商业利益留有生存空间。内容审核时，可以把标准定得很严格（比如算法审核准确率/召回率都可以很高），技术可以做到"纯听话"，但为了平台用户的留存度，也会适当降低算法审核过程中的评分标准：

鉴别一些敏感性图片，算法进行识别预测，打分，如果算法打95分，拦截；如果非要准确性的话，那算法给出60分时，我们就可以拦截，（技术上）这很容易，但是平台有时候到98分才拦截。因为无论哪个公司，为了平台的发展，不能管到极限。算法能不能cover住所有，理论上我们都能做到，但要看平台的意图；我们需要根据平台用户需求、企业生存去衡量。（内容审核部门受访者C2，访谈时间20201109）

K平台的这一算法实践倾向充分说明，算法治理不可能完全按照国家"支配"、市场"服从"的逻辑来进行。国家政治权力的强制性技术驯服路径，往往要面临市场"野性"的抗衡：面对平台在数据实际掌控、技术专业人才方面的优势，以及算法分发平台运行机制（也即"个性化分发"原则）与用户需求的天然契合，政治权力对平台算法实践的干预存在限度。我们承认国家及其代理人有形塑平台算法实践的自主性，但这一形塑过程是受到特定条件影响和限制的。

（二）算法治理的技术复杂性

政治权力与平台利益存在张力的另一个缘由，表现为其对算法实践的干预还要受限于技术复杂性，确切地说，也就是算法实践所运用的技术知识、资源都是有边界的。由于平台的算法实践是平台特定业务目标所积累形成的一套越来越复杂的标准化技术活动，不断地加入重新设计的新流程、新程序来解决新问题、服务于新的业务收益。政府监管部门针对平台的算法实践进行规则合法性建构的同时，平台也会不可避免地采用应对规制的技术策略。

笔者在田野中发现，当平台内部较为完整地掌握了政府监管部门的监管要求与监管技术路径时，为了应对监管的"业绩考核"，会采取新的算法实践避免监管部门的政策性制裁。受访者还讲述了平台在特殊时期如何应对政府监管部门暗访督查的故事，表明平台对潜在舆情危机做了充分的预先设防。

原本政府用于监管平台算法实践的检测、考核业绩等途径，很容易被平台以新的算法实践所应对。面对政治权力的技术化渗透，面对技术复杂性与专业知识、资源的边界，平台算法实践很容易启动应对监管的工具性策略。当然，如果商业平台的算法实践出现了"失控"（比如，前文所提到的内容生态出现了不当内容），政府监管机构会再次启动强制性和合法性的政策工具，对平台的算法实践有意识地加以规制与制裁。为此，国家制定了一系列政策和制度以应对算法治理过程中商业利益与政治权力之间存在的张力，比如持续的整治行动、"约谈"制度，或者出台中观层面的政策制度补充等，尽可能压实平台公司的主体责任归属和激励分配权限，进一步对平台公司施加明确的政治环境压力。

因此，我们可以说，国家政治权力与平台商业利益之间的张力在算法实践中几乎无法避免。平台公司会接受国家利用政治权力干预算法实践的种种治理行动，也会寻求一种实用主义的合作机制达成权益互惠的默契。平台的算法实践整体来看可以成为服务于政治权力的技术活动，但这种来自官方的驯化无法完全按照政治逻辑运行。如何让算法实践能更有效、更负责任地平衡好政治、商业和公众的利益，可以说已经成为算法治理的一个核心议题。

四　小结与讨论

本章我们呈现的是政治力量如何对商业平台的算法实践进行规训与行动介入的过程（具体叙述逻辑如图6-2所示）。当算法推荐的"技术中立性""计算客观性"等话语被消解，算法分发平台不得不重构算法实践的"正当性"时，它必须面对政治力量的引导与形塑。从目前的政治环境与技术发展限度来看，政治力量采纳"微观政治"的主导逻辑对互联网平台的算法实践进行治理，从公开政治话语的规训开始，逐步进入算法治理的规则、价值导向的制度设计当中，将规制性的"硬"制度内化为平台组织内部人员的内容安全意识、转化为算法实践的准则与惯例；它还通过策略性的引导与干预，将政治意志与偏好隐形传递到算法治理中，实现政治权力的技术化，达到意识形态和技术治理相互交织的状态。因此，K平台的内容流，既要符合平台的产品价值观主张、符合广告主的商业利益需求，也要符合政治性的强价值导向，在算法开展内容审核、分发的实践过程中，也必须考虑到内容可见性的底线安全。

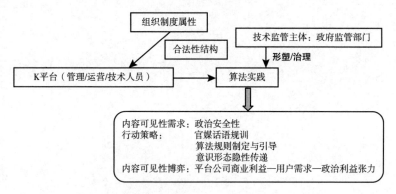

图6-2　政府监管部门如何形塑平台算法实践

同时，我们也必须意识到，政治权力的治理偏好与平台商业利益两者相遇的算法实践场域，是一个充满张力的协商空间：严格而富有弹性的监管举措会不断倒逼算法模型的迭代，使得算法实践规则和价值观日渐向"主流"靠拢；资本天然逐利的天性，与政治权威通过互联网管理实现社会秩序和道德控制的需求结合在一起，成为当代互联网监管的常态。本章关于K平台算法实践的分析，也提供了一个观测国家与资本间双向协作的缩影。

总之，算法实践代表的技术力量在商业化运作逻辑下，也必然要接受主流意识形态的主导和管制，必须在特定的政治文化语境下展开算法实践。政治权力对算法实践的行政收编与改造，既经过了话语对抗和规训的阶段性演绎，也经由微观行动实现了规制化的强化效果。K平台做出了行

动上的妥协并对算法系统的运行进行了策略性的、规则意义上的技术改
造，使其进一步服务于主流意识形态传播的同时，也凭借实际掌握的数据
控制权与算法技术优势，适当制约了政治权力的渗透与扩张，实现了自身
在信息传播分发场域中的符号权威与利益再分配。

第七章　内容生产者如何驯化
算法为己所用？

本章主要探讨在 K 平台公司的算法实践中，内容生产者是如何卷入算法实践中的，又是如何与制度化的算法实践进行互动的。这一问题又可继续表述如下：内容生产者形成了哪些关于算法实践的认知（经验、知识等）？他们在使用平台 App 进行界面互动时，又是如何发挥主观能动性，通过驯化算法实践，将算法规则转化为自身获利的途径的？

换句话说，本章试图揭示在算法实践对平台内容进行管理的过程中，内容生产者展现出了哪些建构性的力量。内容生产者对算法的理解与他们的内容生产行动，经由算法系统形成反馈信息之后，成为后续算法实践中的最新数据输入：面对算法预测存在不确定性的情况，在为争取内容"可见性"而进行风险管理的过程中，他们不断地监控、分享和获取有关"算法"的信息，以便在日常内容生产过程中成功诊断出算法的配置和模式。他们利用与观众（包括粉丝、陌生用户、同领域竞争伙伴、平台运营人员和广告主等）的亲密关系展开互动，来收集可用于测试算法范围和算法偏好的数据。

本章的最重要发现便是：在算法系统作为 K 平台规训内容生产者规范化生产内容的规则体系，将内容生产者不断收编进来以持续地维系内容生态的平衡的同时，内容生产者也在不断试探、驯化（domestication）算法系统，形成以算法规则为中心的内容生产网络。

在过去的一年，我们产生了超过 130 亿条视频，成为这个社会发展、民众获得感提升的有力见证；有近 9.6 万亿分钟的消费时长，相当于 1800 万年的人类历史光影；有超过 2000 万人在平台上获得了收入，获益者涵盖从一线城市到偏远地区的个体、群体、行业、机构；产生了超过 3000 亿的 GMV，有趣地逛、放心地选、信任地买成为社区多元生态的重要组成部分。我们已经帮助了很多人利用科技改善生活，我们也将会帮助更多人，在数字时代更好地生存和发展……在这一切的背后，是我和 YX 创业开始就确定的一种信念：对人的尊重，对劳动和创造的尊重。我们帮助人们发现所需，发挥所长，希望有恒心者有恒产，有恒产者有恒心，希望打造一个最有温度最值得信任的社区。——2021 年 2 月 5 日 K 平台上市创始人演讲

正如所有其他互联网平台所有者宣称的那样，K 平台创始人也特别强调了如下观点：科技改变生活，技术尊重劳动、尊重创意，平台组织者怀着一颗"跳动、柔软、善良的心"，"服务"于内容生产者的自我"赋权"和"赋能"。智能算法通过匹配内容生产者的创意与用户的需求，无须担忧创意的同质化便能保留住人们自身创意的独特性，使内容生产者从传统的劳动关系中解放出来，不再受到岗位的约束。其沿袭一贯的话语策略——"看见每一种生活"——一直激励着平台的内容生产者不断生产出符合市场需求的内容。这种话语同时也代表着，以 AI 算法为基础形成的新型权力结构，似乎提供了一种民主政治实践的可能性，因为正是这样的算法实践，赋予了内容生产者争取内容"可见性"的公平机会。

但在具体的算法实践过程中，K 平台通过将内容生产者的创作自由与平台的技术民主氛围相融合，使得内容创作的主体性极易受到"流量变现"的利益"收编"：人人皆可"变现"的预言，最终只能成为少数内容生产者的垄断特权，而大部分内容生产者会成为"沉默的大多数"。能否有效地应对、操控 K 平台的算法规则，既是一个显著的赋能要素，也成

为制约内容生产者实现内容货币化的关键要素。在 AI 算法赋能互联网平台提升内容分发的效率以实现人与内容精准匹配的同时，它也通过"秘而不宣"的规则设计改变着内容生产者的内容生产方式。算法规则如何影响内容生产者的创作逻辑与价值取向？内容生产者如何通过适应算法规则来实现内容的价值变现？内容生产者与 K 平台内的不同参与主体间如何实现协商合作？

　　我们的研究发现，如果内容生产者想要实现内容变现，前提之一便是他们主动卷入平台算法的逻辑中去。这种卷入，最突出地表现为内容生产者主动选择"入局"游戏规则：与其说他们是被动地受到了算法逻辑的支配，不如说他们是适应性地接受并不同程度地操控着算法。因此，本章在探讨内容生产者的算法实践时，并未像前几章一样，采用技术方法逆向推断客观上算法是如何运作的，又是如何被制度化地建构起来的，而是通过深度访谈法去关注内容生产者关于算法运作逻辑的主观感知与互动策略，从而为读者解读内容生产者如何基于个人或集体的感知来驯化算法这样一种独特的社会实践。本章希望通过剖析内容生产者与算法互动的具体场景和案例，揭示平台内容管理过程中用户（内容生产者）参与算法建构的具体机制——内容生产者对算法的理解与生产行动如何形成反馈并成为算法中的输入。人机交互传达给平台的不仅是对整个算法系统的信任和期望，这种反馈有时候也能对算法系统潜在的恶性循环实施干预。

　　对于非组织内部、非技术专业化的内容生产者来说，他们与算法的互动无法直接触达算法的技术机理；他们对"算法"的理解，与专家和系统设计师持有的制度化、专业化的合法概念也形成鲜明对比。但他们有独特的优势来理解算法在实践中的作用，不能忽视其共同构建算法的意义与力量。一般而言，K 平台的内容生产者大体可以分为普通用户生产者（UGC）和专业用户生产者（PGC）两类，前者大多是业余爱好者且其内容生产往往并不产生直接劳动收益，后者则是职业化的内容生产者，拥有一定的货币化变现途径。本章我们主要探讨专业内容生产者与算法互动的故事。

为了更深入地了解 K 平台的内容生产者是如何理解算法的，本章采取了两种主要方法。首先，笔者通过 K 平台的用户运营部门"创作者服务平台"，直接联系 K 平台的创作达人进行半结构化访谈。通过询问如下一系列开放式问题——算法是什么？你如何理解算法？你何时因何与算法相遇？你平时常用的调用算法的行为都有哪些？你眼中的算法扮演着什么角色？——接受访谈的 K 平台达人们由此得以在访谈中反思他们对算法的理解。除了上述问题之外，访谈中笔者还引导内容创作者描述其内容生产的创作方式，阐述他们遇到的创作困难与后续的行动策略，以及他们是如何与平台运营人员和广告主互动的等。其次，笔者还主动搜索了 K 平台上内容生产者公开谈论算法的视频与留言，记录了内容生产者关于算法的种种态度与认知，持续关注他们关于"算法"的闲谈，期待着发挥其作为一种"集体性叙事"的功能，成为我们理解内容生产者个人化算法体验的一个新的知识来源。

为了完成本章的写作，笔者一共访谈了 10 位 K 平台内容生产者，其中头部流量生产者 3 位（粉丝数 100 万及以上的创作者）、中腰部流量生产者 4 位（粉丝数 10 万~100 万、1 万~10 万的创作者）、尾部流量生产者 3 位（粉丝数 1 万以下的创作者）。此外，笔者还访谈了 3 位平台运营人员、2 位算法工程师（这些访谈对象的具体编号信息如表 7-1 所示）。所有访谈均在 2020 年 10~12 月完成，其中 K 平台内容生产者的访谈时间平均为 30~60 分钟，K 平台内部人员的访谈时间平均为 1 小时。

表 7-1　内容生产者及相关人员的编号信息

受访者类型	访谈对象	受访者类型	访谈对象
头部流量	C1；C2；C3	平台运营人员	O1；O2；O3
中腰部流量	C4；C5；C6；C7	算法工程师	A5；A6
尾部流量	C8；C9；C10		

一　内容生产者眼中的"算法"角色

内容生产者如何理解影响他们创造性工作的算法?研究发现,在 K 平台内容生产者的眼中,算法以"人格化"的角色存在。内容生产者会对"算法"进行角色的建构,这种角色建构代表了内容生产者对"算法"的认知,这一认知反过来又影响了他们在创作内容时与"算法"的互动方式,并影响了他们采取怎样的策略来管理"算法"。专业内容生产者生产内容的动机大体上可以分为如下三类:①寻求一种深层次的社交关系与社区归属感,分享他们的创意作品,以便接触到更多志同道合的朋友;②有明确的经济利益需求,渴望成名,成为网络红人;③与机构订立雇佣关系,专业化生产利于流量变现的内容(见表 7-2)。

表 7-2　受访者生产内容的动机举例

受访者生产内容的动机	访谈截取语录 (访谈时间集中于 2020 年 12 月 6~10 日)
交友、深度连接和社区归属感	"拍视频是很好的交流方式,我希望能通过内容输出,表达自己,认识更多的朋友"(受访者 C7) "网络连接最好的方式就是主动分享,通过分享内容,能够发现世界上有那么多与你志趣相投、有情感共鸣的人,哪怕是陌生人,这不就是互联网的意义嘛"(受访者 C8) "我必须投入时间和精力,我希望我的内容被更多的人看到。他们的每一次留言、点赞都是一种鼓励和关心,我拥有的粉丝越多,说明他们真心觉得我的内容有价值"(受访者 C9)
名望和经济利益需求	"网红已经是职业了,我想要更多的曝光,获得更多的收益"(受访者 C4) "通过内容变现,获得不错的经济收益,现在也是体面赚钱的手段"(受访者 C5)
专业生产内容流量变现	"我们制作内容为了更好和广告商合作,接广告,带货"(受访者 C1) "已经签约 MCN,拍段子才会送流量"(受访者 C2)

创作内容的不同动机,决定着内容生产者运营自己账号的投入程度,但如何理解平台算法是每位内容生产者都绕不开的话题。访谈中发现,内容生产者在提到推荐算法或 K 平台时,会交替使用"算法"和"K 平台"

这两个词。因此，对于内容生产者来讲，算法不仅仅是一种社会建构物，也具有社会行动主体的特性。正如 Seaver 所指出的那样，产生社会文化影响的不是狭义的技术算法，而是算法系统：人和代码的动态安排和动态匹配（Seaver，2017）。内容生产者潜移默化地将"算法"默认为一种人机共同操控的规则，而且认为可将算法看作"拟人化"的社会角色，这一认知影响了内容生产者的创作逻辑与行动策略。

此外，"算法"不仅是内容生产者寻找精准受众并获得更多内容曝光的助手，还是横亘在内容消费者之间的守门人："算法"决定了谁（的内容）能通过。内容生产者如果想在 K 平台长期生存，游刃有余地实现其创作初衷，必须主动学会在平台"秘而不宣"的算法机制中采取行动，获得算法更多的支持，有时候甚至是与之对抗。

（一）算法是我的"代理人"

对于内容生产者而言，与算法互动就意味着"调用"算法：算法是促进内容被消费者识别、选择和推广的有效渠道。

> 虽然算法的原理和机制我并不十分清楚，但是会给我的视频带来更多的播放量和粉丝。（受访者 C2）
>
> "算法"是一个神秘的东西，它可以选择哪些视频会在推荐页面上，或者如果人们搜索你的视频，"算法"决定哪个视频最先出现……并不知道它是怎么工作的。但是就是能感觉到它可以使某些内容获得快速曝光。（受访者 C4）

当算法成为内容分发的逻辑和规则时，内容生产者将"算法"视为神秘的代理人，只有通过"算法"才能为他们提供梦寐以求的内容曝光机会，带来更多的粉丝与流量变现的可能。正是由于算法的重要性，内容生产者生产内容的方式也被算法所改变：

如果我想继续保持内容被更多的人看到、维系粉丝关系，就要不断地生产内容，不断试探我的内容是否会被算法所推荐，在与算法互动中找自己人设定位，什么内容会被消费者喜欢，什么内容会更受算法推荐上热门。（受访者 C8）

可见，"算法"一方面作为内容生产者的合作伙伴帮助内容生产者分发内容，另一方面也在不断驯化内容生产者创作的逻辑，使之迎合算法的期望，才能使其生产的内容获得更好的被推荐机会。

（二）算法是"守门人"

内容生产者理解算法的另一种方式，是将算法看作"守门人"，横亘在内容生产者与消费者之间。内容生产者心里明白，作为"守门人"的算法，决定了什么类型的消费者可以看到自己的内容，该内容将在多大程度上分发给更多的消费者。内容生产者必须学会按照算法规则进行游戏：

我试图探索我在算法推荐机制里的位置，我对内容生产中的标题、文字、摄影、构图都要精心编排，为的就是给算法释放一个信号——我是谁，你应该给我的内容贴上怎样的标签，把我推给谁。（受访者 C10）

在内容生产者看来，算法系统有权力决定如何分配注意力资源。如果想要自己的内容获得更多推荐机会，就要试图让算法理解自己的内容。一位内容生产者如此解释道：

算法分发意味着，算法更相信根据用户的历史数据判断用户的喜好，以及用户观看的视频将来会吸引谁，我要顺着算法的逻辑，猜也好总结规律也罢，才能获得更多的流量。（受访者 C9）

作为"守门人"的算法决定了什么类型的内容可以通过审核，什么样的内容会流行，什么内容会被什么类型的用户所喜欢。这就使得内容生产者产生一种错觉，即内容生产者面对的不是与其他内容生产者的竞争，而是要处理好与算法这一强大中介的关系。后者才是竞争的关键：

> 你在平台看到的视频都是 K 平台的算法支配的。（受访者 C6）

（三）算法是平台获利的"掮客"

上面描述的两个角色，集中在算法与内容生产者互动中后者对算法的个人理解与认知。除此之外，内容生产者对算法的角色描述，往往还取决于他们对算法和平台关系的认知。比如，在内容生产者看来，算法是帮助平台让用户上瘾的时间杀手，也是让用户尽可能留在平台以帮助平台获利的"掮客"。

> K 平台的算法将我们留在平台。（受访者 C3）
>
> 平台会利用算法让用户看应该看到的内容，让一部分人获利。（受访者 C5）
>
> 算法不遗余力地试图推荐更多样的内容吸引、诱导消费者消费。（受访者 C6）

总的来说，内容生产者怀着复杂的感情去理解算法：他们在不能完全了解平台内部算法及其技术原理的情况下，努力地与"人格化"的算法进行互动，试图去迎合算法的逻辑，帮助自己获利，甚至摸索出多样化的行动策略，与他们认知中的"算法"进行对抗。

二 保持"可见性"的策略：适应、博弈和对抗

内容生产者既不是平台雇员，也不是日常观看用户；内容生产者与平

台的连接程度，取决于他们能否在平台获得更大的内容曝光与更充足的经济收入。他们的内容输出将自身置于技术之外，但他们的内容创作效果则取决于算法赋予其可见性的程度。

一般来讲，平台是不会完全将算法的工作原理公之于众的。这一方面是出于机器学习组织架构的复杂性，无法给出直接的解释方法（Crawford，2016；Seaver，2017）；另一方面，平台发布有限的算法机制以保持"竞争优势"，因为他们担心内容创作者"玩弄"算法，或利用算法原理"不公平地"获得视频曝光（Kitchin，2016）。

内容生产者如何管理和引导他们不知道或不理解的算法？由于对算法认知的信息不对称影响到内容生产者对风险的感知，也影响到风险意识下的合作与协商，内容生产者与算法互动的过程，本身便是管理不确定性和风险的过程。从这个意义上讲，风险具体表现为，在算法对内容的预测性与受众接受程度不确定的情况下，还要确保内容变现产生经济价值与传播价值。内容生产者越希望自己的内容能够被更多观众看见，他们就有越来越充分的动机让内容在"算法上可识别"，从而要"面向这些算法系统"来重塑自己的内容生产行为（Gillespie，2016）。因为内容获得曝光与变现的前提，是符合平台对内容的定义与规范。

（一）主动适应算法的逻辑

1. 承认平台及算法的主权

内容生产者在进入平台之初，会主动迎合平台算法的期待，害怕自己被算法降权，从而影响到以后的内容曝光水平。和其他平台一样，K平台通过其使用条款和社区准则定义了适当的用户行为和违规后果。这些社区规则作为内容规范表达的手段，被编码到算法中并加以实施（Van Dijck，2013），为了执行这些规则，算法成为促进用户行为规范的治理工具（Just & Latzer，2016）。内容生产者很快就能意识到K平台政策的监管作用：他们如果想要入局游戏，必须清醒地认识到，平台对内容的监管规范将会时刻影响到自身账号的运营成果。内容生产者必须遵守这些规则，承认平台及其算法架构的主权。

> 对于那些（被算法）判定违反社区准则的"有罪"的人，算法会决定"惩罚"。（受访者 C8）
>
> 如果我发布的内容触碰了社区的红线，（算法）轻则会屏蔽我的内容，重则我的账号会被封掉。（受访者 C3）
>
> 算法会给用户分等级，虽然不知道是什么标准，但是会采取惩戒措施打击某些触碰底线的行为。（受访者 C10）

虽然内容生产者在内容创作上有主体权，但这种创意自由必须在算法规制的范围内才能执行。一位内容生产者举例说明了他自己对社区规则的解读：

> 我们必须有一种态度，不能跟平台的规则完全对立，必须适应新的（算法）分发机制，否则就会被甩在后面。（受访者 C1）

2. 学习/研究如何与算法互动

内容生产者会通过阅读第三方公司的数据分析和网络营销大师的言论与课程，通过相互讨论和学习，以及收集和评估经验证据等方式，来寻求有助于增强自己内容可见性的信息，并试探算法可接受行为的边界。比如，有助于提高内容可见性的信息，很可能包括使用哪个标签、在什么时间发布，以及如何更有效地提高内容热度等。

> 新人刚入驻 K 平台时，首先要做的就是与算法发展成为熟悉的朋友，我们必须帮助算法来定义我们自己，平台会有算法审核机制，具体我虽然不清楚，但是我知道我的每一个视频都是被机器打上标签的，我也是被打上标签的，为了让算法更好地识别我和内容，我必须完善自己的个人资料，最好清楚地给自己的账号进行垂直定位，比如

我就是要做教育分享或者厨艺展示，越给自己打标签，定位越明晰，算法的识别就越精准，我的内容才会被推荐更感兴趣的用户面前。（受访者 C7）

听过很多网络营销课程，也学习 K 平台账号运营的课程和培训，搜索过与自己账号领域相关的内容，看别人如何创作，点赞、评论，完整观看视频，这些算法都会记录下我的使用行为，我的个人画像会被增加标签，等我发视频时多@同领域的大 V，会增加自己的曝光可能性。（受访者 C4）

（二）"可见性"博弈

内容生产者承认平台所有者有权定义平台的技术规范，并不代表他们轻易接受自己作为规制对象的被动角色。内容生产者会根据这些技术规范自我界定如何能更好地利用平台资源（Andrejevic，2014；Burgess & Green，2008；Hearn，2010；Hearn & Schoenhoff，2015）。内容生产者与算法的这一类互动，是通过操控账号、内容数据，根据自身的特定需求来引导、干预算法的运行而展开的。他们在适应 K 平台的规则与策略的过程中，不断积累流量资本，扮演"游戏主人"的角色，从而在与算法的互动中争取主动权。

1. 自我数据优化：塑造"真实"人设

内容生产者对于算法的规则边界会不断试探，如果完全合规也许很难收割粉丝，内容曝光度需要一定的噱头营销，但想让内容"博出位"则需要把握尺度。内容生产者必须非常了解哪些内容符合平台的哪些条款，哪些内容会被机器识别出问题，或者什么标题、何种内容能有效规避算法审查。

K 平台这几年对骗赞、"封面党"打击很严重，我们的视频内容不能触及社区的审查规则，但是也要学会打擦边球，要不没有流量，一般会选取高清图片强化人设（图片不清晰算法识别不准确影响分发），封面还是要有视觉冲击力吸引用户点击，俊男美女用户好感度相对较高，算法判定也至少不会是劣质内容。（受访者 C9）

关键信息必须简短有冲击力，正能量一点，算法都会给打优质的标签，内容传达给算法——我是谁不重要，我的人设必须清楚。（受访者 C2）

能秀颜值秀颜值，能展才艺技能就展才艺技能，家有漂亮萌娃的视频，算法判定都会宽松很多。（受访者 C10）

对于内容生产者来讲，运营账号不仅仅是展示自己的真实生活，更是展示自己精心设计的"真实"人设，而好的内容也意味着必须学会优化自己的数据，引导算法去识别和判定内容更值得推荐。内容并不一定要真实、真情、真故事，但人设需要，也必须让算法知道。内容生产者不断优化和管理自我数据，游走在算法规则的边缘，强化算法对自己内容的好印象。

2.建立账号网络矩阵

内容生产者往往也会利用 K 平台的社区调性：因为平台鼓励用户之间的社交互动，如真实的粉丝关注、点赞、评论等，因此内容生产者会与粉丝或潜在粉丝用户进行积极开放的交流，比如不断回复评论和主动在自己的领域内留下评论。他们认为，这些策略鼓励现有和潜在的追随者感觉到相互之间有更多的联系：

如果我们能够与追随者建立密切的人际关系，内容会被算法推荐给更多的用户看到。（受访者 C7）

真实粉丝数对内容生产者账号运营与内容曝光极为关键，但是"涨粉"对于内容生产者而言，如果仅仅靠内容本身和人设打造还远远不够，他们需要打造不同账号形成网络矩阵，互相播放、点赞、评论、关注，以提升算法检测到的真实社交关系的水平。

> 粉丝的真实互动非常重要，如果不能快速涨粉，只能考虑多建立账号，形成矩阵。（受访者 C2）

> 在发布作品后，会让互粉账号观看对方的视频，完播率越高越好、点赞、评论、转发，越真实互动越好。（受访者 C3）

而且，对于专业的内容生产者而言，背后如果有机构或 MCN 公司进行扶持的话，内容生产就很容易形成产业链，通过搭建网络账号矩阵式运营（比如通过剪辑原创内容快速换取流量）：

> 我们公司网红 IP 也就一个人，他原创的主号就一个，但是有 30 个剪辑师辅助运营 200 个账号，都是剪辑主号网红原创视频的片段，添加些相关元素，置换背景音乐，瞬间就会变成 200 个完全不同的短视频进行发布。（受访者 C1）

虽然这种方式存在风险，但确实能够快速"起号"。接受访问的一位受访者曾经这样说道：

> 我们也经常作废很多号，因为算法识别能力越来越强，如果是非原创就得在视频剪辑上多下功夫，避免被算法检测出来，如果号废了，别的号还能用，继续带流量，起码账号矩阵能降低我们运营的风险，也能试探算法帮我们调整内容发布的策略。（受访者 C2）

3. 同伴联盟

K 平台社区不同粉丝量的内容生产者之间存在职业社交关系，甚至风格不同的内容生产者也可以建立起互惠联盟，相互关注、互动，争取内容获得更多的流量。头部大 V 也会给中尾部生产者进行导流，实现内容生产者内部的资源共享。集体的流量吸附或是互助，都会给予算法输入一定的行为反馈，从而影响算法的判断。比如，K 平台的内容创作者会开启直播连麦，由头部创作者给中小创作者导流，号召自己的粉丝关注中小创作者的账号，甚至是购买其推销的产品。连麦的过程互相 PK 人气，吸引一大波粉丝围观、点赞、送礼物、刷人气榜单，将流量迅速吸引到自己的私域内。K 平台的系统运营人员也说：

> 一般 K 平台的用户目光更多停留在关注页，自己关注的主播开播的内容更好看。（受访者 C4）
>
> 我们也注重和其余达人的联系，留言互动、直播互动，还会买 K币打赏相关领域的热门主播，为的就是涨粉固粉，真实互动，我们的账号权重才会高（算法判定级别会更优质）。（受访者 C5）

总而言之，内容生产者为了内容的曝光度与粉丝积累，会采取一些"投机"策略来应对算法的检测，引导算法判定自己的作品更优质、互动率更高、用户体验更好。算法的识别、推荐系统接收到内容的行为反馈信号（点赞率、完播率、转发率、评论率等量化指标）后，也会更新对内容的评估与账号权重的判定（比如，认为内容深受大众喜爱，可以推荐上热门）。同时，内容生产者也会采取逃避算法规制的一些策略，比如他们有时也会利用 K 平台虽然不鼓励但并没有明确禁止的内容运营方式，主动对算法系统的推荐逻辑进行"更改"。无论是采取差异化竞争内容的方式，还是建立同伴联盟的行动策略，都是一种入局平台的游戏，属于与算法系统斗智斗勇的一种姿态：要想赢得游戏的通关，在了解游戏规则的同时还要善用自己的数据优势，并时时为了赢得比赛而优化自己的行动策略。

（三）与算法系统智能对抗

对于内容生产者而言，面对平台智能化的技术系统，"算法"不仅仅是技术的代名词，还具有文化与制度的含义。拟人化角色认知的背后，是内容生产者相信一切都是人为操纵的代码规则。算法不可知、不透明，并不代表内容生产者就束手无策，因为他们相信只要是人在制定代码规则，就可以有相应的策略去驾驭或与之对抗。

1. "流量交易"获取人工扶持

如果只依靠平台的算法系统智能评判内容是否获得用户的喜爱，那么维持账号持续运营的时间成本和创意人力成本就会相对较高，维系内容持续曝光的投入风险也就越大，毕竟用户的偏好会变，内容生产的创意会枯竭。因此，如何在账号运营的生命周期内快速变现，是驱动内容生产者创作的内在利益需求和动机。当内容生产者已经积累了一定的流量资本，成为拥有一定粉丝量的达人之后，他非常可能会考虑内容生产策略要与商业逻辑相贴合。平台算法的智能推荐，如果不能促使内容生产者快速变现，内容生产者就会通过和平台合作获取更多的人工流量支持，购买作品推广获取更大程度的曝光（比如 K 平台曾经推出购买粉丝条数的套餐）。配合平台内容运营的方向，争取更多的人工流量扶持，比如响应平台推出的"创作者激励计划""头部主播扶持计划""中腰部主播扶持计划"等。

> 如果我的视频播放量不好，我就会投钱买流量，K 平台会有作品推广的渠道，购买粉丝条数，系统就会给我增加曝光，涨粉丝。（受访者 C7）
>
> 买粉条是为了多涨粉丝，虽然是花钱买流量，但是能够获得平台的人工扶持总比单纯靠算法推送内容要快得多。（受访者 C9）

这种"流量交易"对算法系统原本的运行进行了强制性的干预：内容生产者与算法系统的互动，已经不是简单适应推荐算法的逻辑规则，或者在游戏局中进行策略博弈，而更多的是采取人工的手段对算法推荐进行干预。当然，对算法产生干预的影响前提是与平台达成利益合作。K 平台提供给内容创作者购买流量的方式，增加内容生产者内容曝光的机会。对于平台来讲，"售卖流量"获得经济利益，同时满足了内容生产者的内容曝光需求。人工"流量扶持"对于算法系统来讲，意味着"非自然流量"的强插。K平台的推荐算法工程师在接受访谈时表示：

> 要流量扶持某些主播，或者有创作者购买了粉条，直接会在算法排序后进行混排，这就是人工逻辑干预推荐系统。（受访者A5、A6）

2. 内容商业兑现与平台利益捆绑

内容生产者如果想快速获得内容变现收益，除了跟平台进行"流量交易"之外，还会采取与平台、广告主共同达成利益联盟的方式进行商业兑现，强制干预算法推荐的秩序。从内容质量到补贴数量之间的兑换标准，虽然并不对外公开，但K平台不仅给予内容创作者直接购买流量的途径，甚至还提供内容生产者直接对接广告主进行内容变现的渠道。内容生产者可以按照广告主的需要量身定制传播内容，也可以给平台合作的品牌广告宣传获取佣金。

> K平台对内容创作者有扶持计划，粉丝数达到1万，可以开启创作者激励计划，粉丝数达到10万，就可以对接广告主，接单广告，对内容创作进行商业变现。（受访者O1）
>
> 如果开通了创作者激励计划，其实是从平台领收益，创作的内容会有被平台植入的贴片广告，其实对我的内容没什么影响，广告主可以精准地找到我们，大家都有钱可赚。（受访者C10）
>
> 如果为涨粉，内容创作获得算法推荐相对较慢，肯定得采取措施，平台有流量扶持，一定得把握好。（受访者C9）

如果内容生产者接受了平台给予的人工扶持流量举措，就等于与平台进行了利益捆绑，其内容的生产与变现，时时刻刻会被商业逻辑所牵引，这就意味着内容创作者会让渡一部分主体性与创造性，换取与平台的长久合作，利用平台人为干预算法运行的力量，迅速获得内容变现的收益。这一点，对于算法系统来讲，实际上便是自动化、多样化满足用户喜好的推荐算法，受到了商业利益的人工干扰，而在内容生产者看来，这是他们"对抗"技术系统的策略之一，因为内容生产者们深知，他们不单单按照用户需求的逻辑进行内容创作，算法推荐也必须"认可"这一点：

> 是规则就会有改变的可能，平台的算法会更新迭代，但是平台的商业利益是一定不会改变的，我们与平台统一战线，肯定会得到系统（推荐系统）的偏爱。（受访者C10）

三　小结与讨论：规训谁？"驯化"谁？

在智能化的技术系统日益深入内容生产者创作的逻辑与实践过程中，内容生产者如何与掌握市场主导权的互联网平台建立合作关系，关系到内容生产者的个体权益与利益，也关乎内容生态的走向。算法系统能够成为平台规训内容生产者规范化生产内容的规则体系，将内容生产者不断收编持续地维系内容生态的平衡；同时，内容生产者也在不断试探、驯化（domestication）算法系统，形成以算法规则为中心的内容生产网络。

对于内容生产者而言，算法系统作为一种技术逻辑既是内容生产的行为规范，也是一种与平台管理者/运营者互惠互利的中介机制，算法系统影响内容创作的具体实现方式，内容生产者与算法系统的耦合程度体现了他们对算法系统不同的话语权。内容生产者与算法互动的过程是持续性相互建构而形成的相互依存关系。

内容生产者获得技术赋能的同时也在不断驯化算法：面对算法预测不确定性的情况，他们在一步步为争取内容"可见性"进行风险管理的过程中，不断地监控、分享和获取有关"算法"的信息，以便在日常内容生产过程中诊断算法的配置和模式。同时，他们也利用与观众（粉丝、陌生用户、同领域竞争伙伴、平台运营人员、广告主等）的亲密关系互动，来收集关于测试算法范围的数据。

面对算法系统工具理性的推荐逻辑，无论是适应算法推荐的规则，还是针对自身内容"可见性"与算法进行博弈，都体现了内容生产者已经主动参与到算法实践中来。内容生产者参与到建构算法实践的过程中（见图7-1），意味着"算法"作为一种社会角色在内容生产者眼中已经成为利益博弈的关键点。面对不可知、不透明的技术系统，他们打不开技术黑箱，但却可以与之合作、抗衡，并对其加以利用；他们每一次维系内容"可见性"的举措，都会成为后续算法输入的数据，这是这样一个循环，不断更新、不断反馈、不断调教算法系统的运行结果。

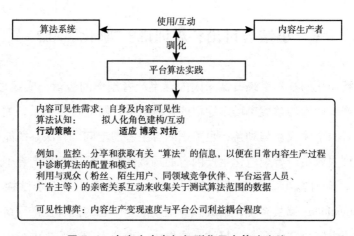

图7-1　内容生产者如何驯化平台算法实践

同时，内容生产者深知透过算法系统，他们真正与之合作、抗衡并加以利用的，是算法系统背后的主宰者——平台管理者、运营者、技术设计者及其制定的代码规则。内容生产者意识到用户注意力经济变现需要将平台对内容生产者规范化、定制化生产的规训与利诱投入到内容生产中，内化为自身的行动逻辑，展开新一轮的算法实践。

研究中我们还发现，拥有不同流量积累的内容生产者面对平台制度时，其规训与议价能力，以及其在内容生产市场的话语权均有所不同：头部流量生产者在收割粉丝红利的同时，更容易与平台形成利益合伙人的关系，更容易获得算法系统的助推。作为更容易获得平台扶持的内容生产者，他们也有更大的机会成为算法系统的驯化者，干预算法的推荐逻辑。而那些没有议价能力，没有与平台形成共谋关系的内容生产者，则很容易在算法系统中成为统计数字里"沉默的大多数"，被算法系统的规则所禁锢，得不到流量资源，成为内容市场的"失语者"。

在平台内部，内容管理者可以引领技术和商业化策略实现算法的制度化，将平台的价值导向与商业诉求编码其中。而在平台外部，内容生产者希望在 K 平台中"被看见"，为获得算法系统流量倾斜成为内容生产网络的关键行动者这样一个目标，持续与算法互动，与平台内部运营者合作，形成算法实践行动联盟，也参与了平台算法实践的过程。

内容生产者与算法的互动，揭示了人类与非人类相互连接与协同的权力结构差异，也凸显了人与技术相互形塑的关系。作为内容生产者、平台管理者等围绕内容生产和分发链条而产生的关注焦点，算法同时成为内容生产实践中不同社会行动主体之间相互合作、博弈和对抗的竞争焦点。将更多数量的内容生产者收编到 K 平台主导的算法规则体系之中，在这个意义上，算法分发平台利用算法实践实现了对内容生产者的规训，而反过来，这一规训过程实际上也帮助内容生产者驯化了算法实践。

第八章 算法和普通用户互动：
制约还是驯化？

本章着重讨论，当 K 平台的算法实践形成稳定的信息环境——决定用户观看内容"可见性"的规则已经明确并成形——的时候，普通用户是如何回应这种内容可见性的界定和定义的？具体来看，本章关心的问题至少包括如下几个：作为 K 平台 App 的使用者，用户对平台算法实践的认知、理解和响应程度如何，不同地位的用户之间是否表现出认知与使用上的差异？用户在使用 K 平台 App 时，对于自己与算法之间的互动有着什么样的认知？他们试图采取什么样的行动策略去影响看起来已经既定的算法实践？

对于用户来讲，算法是什么并不重要，他们也并不能完全了解算法在多大程度上控制着他们的在线体验。但平台的算法实践带给用户怎样的体验效果这一点其实很重要，因为这影响着后者对算法的"感知结构"，用户往往凭借这一"感知结构"试图采取一定的行动去"调教"算法（Williams，1977）。与内容生产者积极管理内容"可见性"的策略不同，普通的观看者与平台算法机制的互动，更多的是在"规划"内容的"不可见性"。在与算法实践的互动中，普通个体用户也许会在认知、经验积累上存在差异（这一差异也许更多地受到他们社会人口学属性的影响），但不可否认，人的能动性会引导他们突破算法实践塑造的制度化信息流空间：具体来说，一旦用户与平台产生界面互动，他们就拥有了对算法实践的"诠释弹性"，将会在不断的正负向行为反馈中认识到算法系统的建构属性。在 K 平台这一案例中，我们观察到，当普通用户的低技术经验面对刚性的制度情境时，他们总是试图善用技术配置，修改自己的行为反馈信号，从而改变自己与算法推荐的互动方式，增强自己的掌控力，甚至试图改变算法推荐的制度性结构与规则体系。

对大多数普通用户而言，数字化生存的必备条件是自我高度数据化以及接受被算法塑造的信息接收环境。算法连接着用户自身与内容的匹配——基于用户的兴趣偏好，经由界面互动的行动反馈，时刻影响着算法计算内容的匹配程度。算法系统对内容的召回、分类、排序和过滤等一系列实践过程，经历了平台公司的价值观洗礼（比如，注重人与内容匹配的公平性）、广告主的商业利益考量（广告内容的混排）、政府监管部门的政治权力渗透（惩罚性和约束性规则的设定），更是在内容生产者持续生产内容的共同作用下，更新着（决定着）普通用户的内容界面呈现。这些算法实践与用户行为反馈最终将形成循环模式，不断影响内容的"可见性"。可以说，这种内容可见性离不开用户持续、主动地训练、调整算法"输入"。

本章认为，普通用户和算法实践之间绝不是彼此孤立的存在，二者始终处于相互响应、相互发展的状态。算法实践塑造着普通用户所处的信息环境，影响着普通用户的态度和期待，而普通用户也在主动训练和调整着算法，积极策划个人将要触及的信息领域。作为内容消费者的普通用户，尽管往往缺乏关于算法运行机制的技术知识与平台内实际操控算法运行的权力，但他们也能成为影响平台算法实践的行动者，通过与平台算法实践的情境互动，不断丰富自身对算法的认知与知识储备，调节自身对算法实践的信任程度，实施在某种程度上"规划"算法实践的战术，由此重塑算法系统的运行规则。

笔者对普通用户参与算法实践的定义，包括他们对算法的认知、情感和行为诸多方面，也即用户在算法推荐的情境下，表现出了不同程度的算法认知，形成了特殊的情感态度，沉淀了特定的行为回应方式。当普通用户作为观看者时，他们对平台算法实践的了解程度，会影响其界面互动的行为方式，进而影响其他平台用户的内容生产效果，因为算法系统的反馈循环，正是通过围绕用户行为数据收集到关于特定内容的价值（评论、喜欢、分享）证据作为算法输入而得以启动的。

虽然一般人很难理解社会技术系统中发生的复杂、非线性的交互，比如 K 平台算法推荐系统中，算法、用户和内容本身都在不断交互和进化，但是，由于这些系统的反馈回路特性，用户对平台算法实践的认知与建立在该认知之上的行动策略，是塑造整个系统行为的重要组成部分。为了更好地理解用户和算法之间的相互依赖关系，本章采用对算法推荐的用户进行问卷调查，结合深度访谈的方法，基于算法与用户的互动角度，了解用户的认知及平台使用情况，以期探讨算法与普通用户间的相互影响和相互塑造。

问卷调查的目的，是对普通用户关于内容可见性的策略做一个探索性的研究：首先，我们希望能从统计学意义上了解平台用户体验中对算法推荐机制的认知与情感态度，而非将调查结果一概推广到所有用户实践中。其次，问卷调查的结果将用于探寻普通用户如何理解其操作所处的在线环境（比如 App 界面设置），以及他们在平台制度化算法实践的限制内是否有可能存在一些不同的、细微的"战术"，以及由这些"战术"揭示的线索，如何被普通用户用于对算法实践实施诱导，以此"规划"自身内容的未来"可见性"。最后，结合问卷调查中用户对开放性问题的回答翔实程度（也即当用户有意愿阐述自己与算法互动的故事，包括动机/策略时），我们筛选出用户主观反馈中具有代表性的一些案例，开展进一步分析。

一　算法推荐内容"可见性"前提：用户
兴趣偏好与行为反馈循环

算法分发平台依据用户的个人属性/特征与行为反馈，建立起机器可以识别的用户画像与特征向量，并根据其与平台内容的标签体系的匹配程度进行计算，对平台内容池的内容分路召回，经过多目标排序的过滤，经由根据平台业务需求（比如运营某类活动、满足广告主要求、额外购买流量的内容）的人工干预后，最终推送给用户。对于用户来讲，平台内的操作与行为历史记录都是触发算法系统进行内容匹配的信号。不同的算法分发平台，虽然各自产品的需求与用户特征特性存在差异，但在如何实现用户需求的个性化推送方面，却表现出一致性，因为推送的效率，一直都是算法推荐系统是否靠谱的主要评价指标。

目前 K 平台的推荐系统（reco）会根据用户的每一次请求，重新评估给机器学习算法"输入"的用户个人画像，通过算法预测哪些内容比其他内容更容易受到用户的点击、关注、评论和转发等行为反馈，将用户与他们可能想要消费的内容联系起来。这就意味着在算法系统中存在一个反馈循环，它不仅可能影响算法对内容信息的选择、过滤和排序，而且很可能导致内容池中的内容特征发生变化。

K 平台的推荐系统，一般是根据用户的参与度（点击率、观看时长、长播率、短播率等）、满意度（点赞率、关注率、评论率、转发率等）、负向度（hate 率、低观感分、诱导赞/关注分）等多目标进行算法排序，最终归结为一个排序分。用户对内容池中短视频的评分（观看时长、点赞、评论等）会经由反馈循环再度影响内容本身的特征标签，导致整体内容的特征时刻发生变化，其内容地位不断得到强化：比如，非常受欢迎的内容可能会比不受欢迎的内容经常被推荐，这意味着受欢迎的内容会被用户更多点击查看而获得更多的曝光量（虽然平台会实施基尼系数约束，但在推荐系统中，受欢迎的内容一定会获得更多更好的评分），在 K 平台的内容池中成为热门内容。换句话说，算法排序的输出（推荐受欢迎的内容，用户更喜爱观看）会影响到同一算法的输入（观看时长较高的内容会获得较高的评分）。但随着时间的推移，伴随老内容的热度下降，会有一批新内容成为热门，作为新的算法输入—输出，推荐给用户，不断循环往复。可见，用户的行为反馈对算法系统的内容推荐有非常重要的影响。

K平台用算法管理（选择、组织和呈现）个性化的内容流，而不是向用户提供一组可供选择的替代方案。这种信息流循环形成了用户和算法系统之间的交互——"既主动也被动"——从主动指定偏好和选择内容，到被动地使用系统选择的内容。举例来说，如果用户朋友发布的内容，在用户的信息流中经过算法排序排名并不高，那么它可能不会出现在用户的信息流中，除非用户主动点击这条内容作者的主页、提升互动水平（点赞、提高观看时长），给算法系统更明确的喜好信号，从而提高推荐系统的预测能力，使该内容更有可能在下一次被推荐到用户面前。

我们的研究发现：如果用户与算法实践所提供的信息环境保持持续的互动，就会形成用户对算法推荐模式直观的"手头库存知识"，并形成特定的信念，而这些知识和信念会指导他们采取相应的行为，不断给予算法系统不同的反馈信号，由此规划自己信息流中内容的可见性。因此，了解用户的信念、用户对系统如何工作的看法，是影响反馈循环的一个重要组成部分，在最特殊的例子中，它有可能导致系统以意外或不希望的方式运行。

二 用户对算法推荐机制的认知与情感体验

笔者借助参与K平台App单双列（发现页）"用户推荐系统体验监测"专项调研的机会，围绕用户对算法推荐的认知、功能体验、互动行为三个方面，采集了平台不同用户对算法推荐的认知、情感体验与行为策略的差异。问卷调查通过平台站内私信投放的方式，总共回收有效问卷1729份[①]，以平台大盘中低度活跃用户（每月上线10天以下）、中度活跃用户（每月上线10~19天）、高度活跃用户（每月上线20~30天）、全勤用户（每月上线30天）的分布情况，对样本进行了加权。问卷可靠性分析如表8-1所示。

---

① 在K平台App发现页的双列，投放10万份，回收1329份；单列，投放10万份，回收805份。经过数据清洗（所有打分题全为1分或5分的用户剔除），最终双列中剩下1123份有效问卷，单列中剩下606份有效问卷。

表 8-1　K 平台推荐系统用户体验问卷信度与效度检验

类目	信度	效度	KMO 检验	bartlett 球度检验
问卷属性—双列	0.960	每一题的因素载荷>0.4	0.964	16706.491（p<0.005）
问卷属性—单列	0.920	每一题的因素载荷>0.4	0.931	8205.839（p<0.005）
评价标准	α>0.7 表示信度较高；内部一致性较高	>0.4 表示具有较高效度	KMO>0.6 认为适合做因子分析	相伴概率小于显著性水平 0.05，因此拒绝球度零假设，适合因子分析

注：投放人群包中全勤/高活：中/低活＝3∶7。

通过问卷调查，我们基本上了解到 K 平台用户对 App 使用中的算法推荐的认知与态度如下（具体问卷设计详见附录2）。

（一）对算法推荐的认知

调查中我们用 7 项指标测量用户对算法推荐机制的了解程度，分别是："我知道是由算法推送内容给我的""我认为算法系统是根据内容热度推送给我的""我认为是算法系统根据我的兴趣爱好推送的""我认为是算法系统根据我的历史行为推送的""我认为是算法系统根据我的好友相关喜好推送的""我并不了解算法推荐机制""我并不关心算法推荐机制"。具体分析时，均采用五级量表测量（1＝非常不同意，5＝非常同意）。通过信度检验，形成"用户算法推荐认知"复合变量（见表 8-2）。

表 8-2　K 平台用户对算法推荐的认知

序号	二级指标	均值	标准差
1	我知道是由算法推送内容给我的	3.89	0.99
2	我认为算法系统是根据内容热度推送给我的	3.45	0.99
3	我认为是算法系统根据我的兴趣爱好推送的	2.55	0.91

序号	二级指标	均值	标准差
4	我认为是算法系统根据我的历史行为推送的	3.27	0.88
5	我认为是算法系统根据我的好友相关喜好推送的	3.44	0.87
6	我并不了解算法推荐机制	3.53	0.85
7	我并不关心算法推荐机制	2.32	0.92

从表 8-2 数据来看，K 平台的用户整体来看虽然"并不了解算法推荐机制"（M = 3.53，SD = 0.85），但并不是"不关心算法推荐机制"（M = 2.32，SD = 0.92），而且大多都"知道是由算法推送内容给我的"（M = 3.89，SD = 0.99），说明普通用户对算法推荐机制有基本的感知与认知。用户自我认知感由强到弱依次是："算法系统是根据内容热度推送给我的"（M = 3.45，SD = 0.99）、"算法系统根据我的好友相关喜好推送的"（M = 3.44，SD = 0.87）、"算法系统根据我的历史行为推送的"（M = 3.27，SD = 0.88）、"算法系统根据我的兴趣爱好推送的"（M = 2.55，SD = 0.91）。可以说，不管是否真的了解 K 平台的算法推荐内涵，普通用户仍然对 K 平台的算法推荐机制形成了自己的主观经验判断，这些主观经验判断在他们使用 K 平台 App 的过程中，奠定了其逐渐形成一定的算法知识探索与主观建构能力的基础。

（二）对算法推荐的功能性体验

问卷调查中，我们还结合用户感知算法推荐的效果及其相对优势，考察用户对算法推荐的态度，围绕算法推荐精准推送的满意程度、算法满足用户兴趣（短期、长期、广度、同质性等）的程度、算法推荐的灵敏程度、算法给用户带来安全感的程度等关键变量，测量用户对算法推荐的功能性体验。上述指标均采用五级量表测量（1 = 非常不认同，5 = 非常认同）。通过信度检验，形成"算法推荐功能性体验感知"复合变量（见表 8-3）。

表 8-3　用户的算法推荐功能性体验感知

序号	二级指标	均值	标准差	三级指标（问卷措辞）
1	信息推荐准确	3.22	0.92	推荐给我的作品是我喜欢的，很准确
2	短期兴趣	4.03	0.99	发现页的作品，是我近期关注/感兴趣的
3	长期兴趣	3.91	0.93	发现页的作品，符合我长期以来的兴趣方向
4	兴趣覆盖广度	3.64	0.87	发现页的作品，包括我多方面的兴趣，而不只是某方面的兴趣
5	兴趣满足度	3.81	0.92	对于感兴趣的作品，我有看得过瘾的感觉
6	兴趣单一度	3.22	0.94	发现页的作品相似视频过多，我感到单调、乏味
7	厌恶反馈灵敏	3.01	0.99	我明确反馈过不感兴趣的作品内容，随后便没有再看到过类似作品
8	兴趣变化灵敏	3.57	0.87	我的观看兴趣变化时，算法会及时做出调整，推出符合我兴趣的内容
9	安全感	4.53	0.95	推给我的作品在观看时，我有个人隐私被冒犯到的感觉

整体来看，K 平台用户对算法推荐的功能性存在丰富的体验性感知，对算法推荐是否能满足自身的兴趣程度、广度、变化灵敏度以及是否影响自身的安全感都保持着一种体验式的敏感度。

（三）与算法互动行为的主动性

问卷调查的第三个重要主题，是结合用户在 K 平台 App 界面操作的行为，考察用户对算法推荐机制的调节与操控程度，从"被动接受算法推荐"程度、"主动改变算法推荐"程度、"对抗算法推荐"程度三个关键性变量出发，对用户与算法互动的行为进行测量。具体指标均采用五级量表进行测量（1 = 非常不认同，5 = 非常认同）。通过信度检验，形成"算法推荐行为"复合变量（见表 8-4）。

表 8-4 用户的算法推荐行为

序号	二级指标	均值	标准差	三级指标(问卷措辞)
1	被动接受算法推荐	3.03	0.99	系统推给我什么我就看什么
2	主动改变算法推荐	3.56	0.95	当我兴趣发生变化,我会主动去搜索一些我原来在发现页看得少的内容
		3.54	0.89	我原来经常点赞的内容,现在我不怎么点赞了
		3.44	0.92	我原来经常仔细看完的内容,现在都很快滑走了
		3.58	0.94	我把原来关注的这个类型的作者都取消关注了
		3.46	0.93	我关注了一些新的作品类型的作者
		3.33	0.87	我也经常看关注页了(不完全依靠算法推荐)
3	对抗算法推荐	4.03	0.99	试图尝试过以下行为:改变过我的 K 平台 App 设置或个人隐私选项(比如不把我推荐给通讯录好友/不允许通过手机号找到我等)
		3.20	0.84	在 App 上我知道如何屏蔽广告并采取了行动
		4.04	0.99	对于不喜欢/不同意的内容,我会"点击不感兴趣反馈"
		4.02	0.99	对于不喜欢/不同意的内容,我会"举报,投诉给 App 客服"
		3.34	0.86	对于不喜欢/不同意的内容,我会退出 App

表 8-4 数据表明，K 平台中，活跃度不同的群体其与算法推荐的互动行为存在显著差异。相关性分析表示，相比于中低活跃度用户，高活用户（$r = 0.35$，$p < 0.001$）和全勤用户（$r = 0.24$，$p < 0.001$）越具有主动改变算法推荐的行为特征，对抗算法推荐的行为特征也越明显（$r = 0.2$，$p < 0.01$；$r = 0.3$，$p < 0.001$），而低活用户、中活用户更倾向被动接受算法推荐（$r = 0.23$，$p < 0.001$；$r = 0.08$，$p < 0.01$）（见表 8-5）。

表 8-5 平台用户活跃度与算法推荐行为相关性分析

行为	低活用户 (1 = 10 天及以下)	中活用户 (1 = 10~19 天)	高活用户 (1 = 20~30 天)	全勤用户 (1 = 30 天)
被动接受算法推荐	0.23 ***	0.08 **	0.01	0.03
主动改变算法推荐	0.05	0.02	0.35 ***	0.24 ***
对抗算法推荐	0.01	0.1 *	0.2 **	0.3 ***

注：* $p < 0.05$，** $p < 0.01$，*** $p < 0.001$。

从问卷调查研究结果来看，K 平台用户对算法推荐机制有一定的基本认知，在平台的活跃度直接影响用户对算法推荐的主观态度。对于平台的算法实践，用户不是内容"可见性"的被动接受者，用户具有主动、积极的态度响应着算法实践，对自身信息接收环境具有一定的策展能力。

三　用户如何"规划"所处的信息流空间

结合问卷调查中用户对开放性问题的回答翔实程度（用户有意愿阐述与算法互动的故事，包括动机/策略），我们筛选出了用户主观反馈中具有代表性的案例，在线邀请了 12 位用户（低活用户 4 位，中活用户 3 位，高活用户 3 位，全勤用户 2 位）进行深度的半结构化访谈（访谈提纲参见附录 3），了解用户如何"规划"其自身及内容"可见性"的算法互动故事（见表 8-6）。

表 8-6　半结构化访谈用户信息

单位：岁

用户类型	性别	学历	城市/农村	年龄
低活用户	男	高中	三线	40
	女	本科在读	二线	20
	女	本科	三线	38
	男	本科	一线	35
中活用户	男	本科	一线	35
	女	高中	农村	21
	女	研究生	一线	32
高活用户	男	高中	三线	47
	男	高中	农村	48
	女	研究生	二线	26
全勤用户	男	初中	农村	30
	女	本科	三线	27

（一）个体行为反馈的主动性控制

深度访谈所发掘的第一个有意思的主题，便是 K 平台的普通用户都试图表现出一定程度的"主动性控制"的意愿，也即通过刻意测试自己的内容消费行为，以获得关于算法推荐系统的相关特征和属性的信息，并持续调整或改变自己的后续内容消费行为，以固化算法推荐系统关于他们的画像，或持续改变自己的消费行为以赢得新的画像。这便使得他们有能力介入之前提到的行为反馈的循环之中，从而在不知不觉中让整个平台的算法推荐系统产生细微但却有意义的改变。虽然 K 平台中的普通用户没有能力参与到算法推荐的技术开发过程之中，但他们都有触发算法推荐逻辑的能力：作为有一定互动经验和反思精神的行动者，他们仍然有可能改变算法推荐逻辑的支配性影响。当然，个体用户在 K 平台 App 界面互动中影响算法推荐逻辑的程度，取决于他们对算法推荐系统的经验性知识，取决于他们是否有意识地调动自身行为反馈给算法系统，从而逐渐"驯化"推荐算法的推荐逻辑。

从访谈所获信息来看，普通用户在 K 平台上经常施加的主动性控制战术，主要包括如下四类：①用户通过适时地采用匿名化策略，维持自身内容偏好的稳定性；②对于沉浸式用户来说，他们会采取 App 界面之外的参与方式，如通过浏览、点赞、分享、评论等正向行为反馈，向算法系统提供他们所感兴趣的内容信号；③用户往往借助更改个人信息配置、主动搜索关键词、取消关注/点赞、忽略推荐内容（迅速滑走）、负向评论、点击"不感兴趣"配置、举报等负向行为反馈，向推荐算法表达他们"不感兴趣"的内容信号；④直接退出反馈循环。接下来，我们将依次对上述策略进行细化阐述。

1. 维持内容呈现的"匿名性"

几乎每一个算法分发平台都会给用户提供技术配置的修改权限，比如个人信息呈现的程度控制（隐私、个人标签建构、内容呈现可见程度等）。一旦用户拥有了技术配置的处置权，就会调整、规划对技术配置的使用，以应对技术设计的制度情境，而修改技术配置意味着反馈给算法系统的行为信号发生变化，直接影响算法系统预测、推荐内容的偏向。从问卷调查与后续的深度访谈中我们了解到，只要与平台保持留存关系的用户，都会存在一定程度的维持自身"匿名性"的需求，比如为了维护个人隐私，会保持自身与平台、其他用户的匿名性，从而减少作为算法识别和推荐之基础的"自我暴露"程度。

> 每天都会刷刷视频，等地铁，等公交，睡前都会刷，但是我不会同步通讯录，也不会用真实的名字，实名制其实我很排斥，娱乐软件，何必和微信一样搞成朋友圈、社交圈呢，我会更改个人隐私设置，对谁可见，对谁不可见，因为想保护隐私，也不想亲戚朋友看到我点赞过什么，关注了什么……我知道我的个人数据被平台运用了，推给我的视频肯定是读取了我的信息，然后分析出来的，那我只能减少暴露的信息。（男，35 岁，本科学历，一线城市，中活用户，访谈时间 20201104）

> 我观看的内容是屏蔽陌生人可见的，我关注的人可以看到，定位一定是要关的，我不喜欢同城交友，我把定位关了，感觉同城内容推荐就少了。（女，26 岁，研究生学历，二线城市，高活用户，访谈时间 20201104）

> 我不想被平台的算法识别出真实的信息，我的个人信息资料是假的，性别用的男性，当收到推送的内容有关男性的信息，比如说球赛、男鞋的广告，我就知道算法上当了，把它弄糊涂了，推荐的内容会不准确，但是对于我来讲很有意思。（女，20 岁，大学在读，二线城市，低活用户，访谈时间 20201105）

2.沉浸式体验下的主动探索：如何让算法更了解我

对于平台的高活用户和全勤用户而言，他们接受算法推荐的被动性相对较低。相反，他们与算法的互动更像是探索游戏，会有意识地引导算法推荐的逻辑，让个性化推荐服务更符合自身的兴趣爱好。具体来说，他们经常采取主动搜索关键词、提供自身行为反馈信号给算法系统，不断调整算法预测的精准性。

> 推荐给我的内容刷多了，我也会产生视觉疲劳，我会主动去搜索框搜索我想要看的内容，你会发现下次给你推荐的内容就变了，就是跟你搜索的内容相关，之前总推的内容变少了。（男，47岁，高中学历，三线城市，高活用户，访谈时间20201105）

> 我有发现我曾经点赞过的内容或者观看时间长的内容会再次推荐，不想再看时就会滑走，不再点赞评论，过一段时间就好了，发现又有新东西出现了。（男，30岁，初中学历，农村，全勤用户，访谈时间20201105）

> 有意识地点击自己并不是很喜欢的内容，就能调整推荐的内容，也许就有新的惊喜了，但是经常因为喜欢看某些内容后，同类型的内容会霸屏，我经常感叹今天又捅了××内容的窝！为什么算法总给我推这个，只有不断调教，努力和算法原有的推荐逻辑对抗。（女，27岁，本科学历，三线城市，全勤用户，访谈时间20201106）

当然，也有一些受访者在谈论他们如何受到平台算法影响时，会主动尝试性地采取一些"反向"行动，这成为他们在 App 使用过程中不可或缺的一种策略。抵抗不仅仅是选择退出，而是以不可预测的方式参与，因为在他们心里存在如下认知：行动和表达对内容的喜爱是捆绑在一起的，自己不采取新的行动，一定会被算法按照自己的历史行为进行预测。如果用户的喜欢变得失去了意义，正向的反馈行为就会被收敛。

> 算法永远赶在你前面对你下手，得不断调教。（男，48岁，高中学历，农村，高活用户，访谈时间20201106）。

（二）负向反馈改善算法体验的战术

对于低活用户、中活用户来讲，自身的算法互动经验较少，主动积极调教算法和引导算法的意愿较低，他们面对算法推荐逻辑时，经常会被动接受，正如问卷调查结果显示的那样，"推荐给我什么内容我就会看什么"。但是，面对算法推荐结果不满足兴趣偏好甚至导致自己内容消费利益受损时，他们仍然会积极地采取行动改善所处的信息流空间。借用德塞图（de Certeau，1984）的理论概念"战略"和"战术"来理解这一类用户的行为方式时，我们仍然发现，此类用户面对平台强大的算法战略（strategies），同样拥有自身的战术（tactics）来应对算法分类、划分、区隔的规范空间实践。

1.持续"点击"不感兴趣，增强负向反馈信号

对于此类用户来讲，使用平台 App 进行人机界面互动，就已经进入操控信息流的空间中：用户针对界面设置的每一次操作，都会转化为行为反馈信号，给算法"喂"入新的训练数据。平台产品的界面设置不仅有"点赞""收藏""转发""评论"等传达用户正向反馈行为信号的配置，也有"不感兴趣""举报""拉黑"等负向反馈行为信号的配置。所以，用户会根据自己的行为偏好，利用平台的技术配置，对算法实践过程进行负向循环反馈。如果用户对自己的信息流内容不感兴趣，就会对 App 内提供的配置进行操作，对原有的算法实践逻辑进行干扰，持续增强负向反馈信号。

> 我玩 K 平台的时间不长，但是出于好奇，也是打发闲散时间，玩一会儿会发现推荐的内容都不是很吸引我，我就想怎么能屏蔽掉这些内容，我就开始研究 App 的设置，发现可以反馈"我不感兴趣"对内容直接点击评价，给这样的内容差评，这是最简单的方式，试过后发现这类内容少了，不推荐了。（女，38 岁，本科学历，三线城市，低活用户，访谈时间 20201104）

老是给我推小孩换装视频，我都点了好几次不感兴趣了！持续点击不感兴趣，下次登录 K 平台就会改善很多！（男，40 岁，高中学历，三线城市，低活用户，访谈时间 20201105）

我一直很反感广告，出来一次，我就马上滑走，然后我不感兴趣的内容就迅速屏蔽掉，加入拉黑名单！（女，21 岁，高中学历，农村，中活用户，访谈时间 20201106）

2. 善用"举报"，向平台投诉施压

平台用户如果感受到算法推荐环境已经影响到自身的产品体验，可以和 K 平台的客服取得联系，主动向平台反馈算法推荐问题。笔者从 K 平台用户体验中心的工单问题记录中了解到内容算法推荐中的咨询量大盘占比，每周平均占比 15%[①]。用户主要反馈算法推荐的问题包括：算法推荐的准确性（是否满足用户的兴趣）、算法推荐负反馈（推荐内容质量、重复性、观感体验等）。具体如表 8-7 所示。

表 8-7　K 平台用户负向反馈算法推荐问题

单位：单，%

一级功能	二级功能	三级功能	问题描述	工单量	占比
视频观感	内容算法推荐	不感兴趣	关注页不显示好友作品	869	51.97
视频观感	内容算法推荐	不感兴趣	不感兴趣	345	20.63
视频观感	内容算法推荐	不感兴趣/不看该作者/减少此类内容选项	负向反馈后仍推荐	152	9.09
视频观感	内容算法推荐	不感兴趣/不看该作者/减少此类内容选项	取消负向反馈	150	8.97
视频观感	内容算法推荐	不感兴趣	关注页排序	78	4.67
视频观感	视频质量	内容反感	内容质量	37	2.21

① 截取 2020 年 10 月 8~14 日用户体验中心接到用户反馈算法推荐问题的工单量：内容算法推荐工单量/总工单量 = 27179/217207 = 12.5%。

续表

一级功能	二级功能	三级功能	问题描述	工单量	占比
视频观感	内容算法推荐	不感兴趣	同城直播太多	17	1.02
视频观感	内容算法推荐	推荐重复	推荐重复	17	1.02
视频观感	内容算法推荐	推荐同一类	推荐同一类	7	0.42

资料来源：K 平台用户体验中心提供支持，整理时间为 2020 年 10 月 16 日。

无论是运用平台技术配置，还是直接向平台客服反映自身的负面情绪，都代表着用户具有掌控"输入"算法系统信号的能力。面对算法推荐已然设定好的制度环境与设计操作步骤，他们仍然可以通过修改技术设置、善用"举报"机会，维护自己的利益与偏好取向，以算法系统不可预测的方式参与到"规划"算法实践的过程中，维持着自身对信息流的掌控力。

（三）退出算法的推荐逻辑

对于用户来讲，面对数字化生存的空间，手机所连接的 App 程序应用种类繁杂，也许无法逃离网上生存的环境，但是拥有退出、卸载某应用的主动权，算法推荐的内容如果对用户产生不良的体验感受，"退出"是对算法推荐逻辑最强硬的否定与抵抗。笔者在访谈普通用户对 K 平台 App 的互动体验时发现，用户因为本身接收信息源过多，娱乐休闲需求不只是在 K 平台，而且现实生活中会刻意对网络保持距离。

> 我有时候确实被推荐内容推烦了，那就卸载好了，避免过度沉迷，看看新闻、读读书，脱离各种系统的控制。（男，35 岁，本科学历，一线城市，低活用户，访谈时间 20201106）
>
> 我现在出门会带现金了，减少网购，不点外卖，减少刷 D 平台 K 平台的频率，虽然无法完全脱离数字化生活，但是一段时间逃离总可以吧，接触高品质的内容，不看非常 low 的东西，或者说工作再忙一

些，多休息，多锻炼，减少接触，当有需要时我再重新下载。（女，32岁，研究生学历，一线城市，中活用户，访谈时间20201104）

我们不能忽视，总是有这样或那样的"流众"成为算法逻辑支配的不确定因素，对自身数据化与档案化保持清醒的认知，甚至是能够改变依赖算法规则、重新界定算法支配边界的行动者。

四　当策略遇到战术：用户体验如何改变算法实践的制度属性

任何算法分发平台的流量分发场景，都离不开推荐算法的主导作用，推荐算法直接决定了用户的体验。这也意味着推荐算法的实践必须具有优化用户体验的业务目标。K平台App也一样，短视频推荐主要的优化目标就是提升用户的日活跃程度，让更多用户持续使用K平台，提升用户留存度。用户体验直接影响平台的业务收益，成为影响公司生存的一条生死线。

推荐的目标是提高正向反馈、减少负向反馈，提高用户体验。（K平台推荐算法工程师C2，访谈时间20210120）

用户的行为反馈不仅是给算法系统迅速响应的信号，更是算法系统更迭策略、改变规则的重要输入要素。当用户作为消费者时，往往不是被动意义上的技术客体。不仅算法系统运行机制需要迎合用户的喜好，而且算法系统迎合用户喜好的灵敏性，也是平台获取利益最关键的一环。用户正是在这个意义上，成为建构算法实践的隐形力量，不断重塑算法实践的意义体系与规则体系。

（一）用户观感体验被量化为衡量算法实践的关键性指标

从K平台推荐系统的优化目标来看，用户的观感体验是每一个算法工程师优化模型上线的重要衡量指标：用户留存平台的时长、点赞率、播放率、评论率、关注率是否有明显提升都是衡量算法建模效果的指针（见图 8-1）。

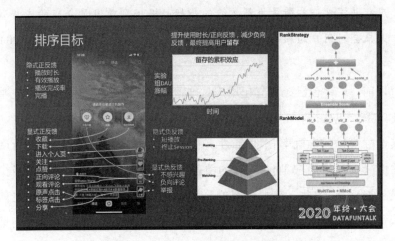

图 8-1　K 平台推荐系统排序目标

资料来源：K 平台 2020 年终大会演讲实录。

> K 平台推荐算法优化的目标更多样，除短视频特殊的时长预估之外，还有各种 XTR。衡量用户体验指标如果有提升（A/B 测试），模型就会推全量，上线部署。（推荐系统算法工程师 C1，访谈时间 20200120）

在这一进程中，用户观感体验也不断得以量化和标准化，成为优化算法实践要遵循的最核心规范和最重要的输入要素。K 平台的数据分析部门对用户对推荐系统体验的变化实施严密的观测与监控，每个月发布评测报告，展示用户对推荐算法的满意程度。笔者在数据分析部门进行访谈时了解到：

> 通常使用 XTR 来代表用户对于推荐的体验并直接影响排序公式，

159

但聪明的老铁可能很会 hack 推荐系统。那么最终推荐给用户的是否好看，用户是否真的满意，是否有小部分用户非常不满意，或者说用户其实只是大致满意。需要通过各个角度衡量目前用户对推荐的满意程度，并探索一些衡量推荐体验的指标。根据目前流量分布的走势预测未来会对用户的影响。（数据分析部门人员 C4，访谈时间 20210120）

目前，K 平台已经建立起用户对推荐算法满意程度监测的一个完整的量化体系，包括推荐算法的准确性［前 k 个推荐的视频，用户点击（或者其他行为）的准确率］、优质性（视频的优质性用高热审结果来衡量）、相关性（曝光中用户 Top5 兴趣的覆盖度）、多样性（用户消费了多少个一级品类）、时效性（热榜内容的分发曝光占比）、惊喜度（用户之前没有消费过该品类但本次关注或者点赞的曝光占比）、聚集性（用于衡量同类视频在较短时间内连续推荐给用户的情况）等维度进行监测。关于多样性指标的数据趋势如图 8-2 所示。

多样性		用户类型	6.5	7.3	8.7	9.4	趋势图
南方	双列	新设备	4.4	5.1	5.6	4.7	
		低活	4.6	5.0	5.7	4.6	
		老用户	6.6	6.9	7.5	6.3	
	极速版	新设备	7.0	7.8	8.1	7.4	
		低活	7.0	7.7	8.0	7.1	
		老用户	9.3	9.8	10.1	8.7	
	设置版	新设备	6.7	7.9	7.1	6.9	
		低活	6.0	6.7	7.1	6.0	
		老用户	8.4	9.3	9.3	7.9	
北方	双列	新设备	4.3	5.0	5.3	4.6	
		低活	4.6	5.1	5.3	4.6	
		老用户	6.1	6.5	7.0	6.0	
	极速版	新设备	6.6	7.4	7.8	7.0	
		低活	6.9	7.7	7.8	7.0	
		老用户	9.0	9.7	9.9	8.7	
	设置版	新设备	6.4	7.6	6.8	6.3	
		低活	5.9	6.9	6.7	6.0	
		老用户	8.1	9.0	8.9	7.6	

图 8-2　推荐算法满足用户多样性需求的趋势变化

注：K 平台数据分析部门内部资料；数据统计截取 2020 年 6~9 月节点。

不同量化指标监测用户体验的满意程度会成为算法推荐优化的方向。对于推荐算法工程师来讲，量化的用户推荐体验指标可以辅助构建推荐算法模型，用户体验效果好的算法模型会不断部署到线上，以获取更多商业利益。用户的需求与体验得到平台的重视，说明在算法实践过程中，人为干预会影响算法实践的方向与优化目标，而用户处于使用与互动的关键一环：用户的体验效果时刻影响着平台算法实践的策略变化。

（二）舆论场的力量倒逼算法的迭代与分发策略

平台用户不仅以个体力量"规划"内容可见性来掌控算法推荐的逻辑，也可通过参与平台内容治理的方式（比如，构建舆论场域、参与其他平台发布有关算法实践的讨论，或直接将诉求反映给政府监管部门），对算法实践施加影响。平台企业不得不在公众的批评和监督下回应质疑，将公众的意见建议消化吸收，形成"问题产生—公众参与/公众反馈—算法规则完善"的循环体系。

1. 舆论场发酵推进算法实践的进程

2016 年，一篇《残酷底层物语：一个视频软件的中国农村》迅速在微信朋友圈转载，将 K 平台推上了舆论的风口浪尖。K 平台的内容生态被贴上了"土味、低俗"的标签，公众对平台的推荐算法实践进行了强烈的抨击。这种"真实"农村图景的展现是否合适，引起了社会公众关于平台内容价值导向的讨论，也成为后续主流媒体进场引导舆论、政府监管部门强势介入的导火索。

公众舆论监督成为一种鞭策 K 平台提高用户体验的公众性力量，直接影响了平台内部算法迭代和分发的策略。面对公众对劣质视频的诟病，算法推荐策略对用户的短期和长期兴趣进行探索，不断优化算法模型，加强了劣质视频的过滤策略（见表 8-8）。

表 8-8　2018~2020 年 K 平台算法策略/规则迭代主要项目归纳

优化用户体验方法	动机	项目
触发策略优化	增大个性化触发，迎合用户兴趣	滑滑版触发策略优化；fm 扩触发量+exp tag 打散
新用户	对于新用户，基本策略是增大优质视频触发，过滤低俗视频 滑滑版新老用户策略区别	新用户人工优选作者触发；滑滑版新用户 bad dnn cluster 过滤实验；新用户关闭离线触发
过滤	过滤用户反感的视频，通过聚类、举报、hate list、MMU 模型分；过滤一个月前视频	dnncluster 过滤实验
Applist	根据用户安装的 App，挖掘优质视频	基于 App 的 nice 视频触发
强控	强行给用户推优质视频	首屏强控
聚类打散	提升视频多样性，避免用户产生厌烦心理	embedding 打散
时长打散	避免出现一直是长视频或短视频的情况	分时长 duration 打散
强插非个性化结果	确保每个 pagesize 都能出非个性化结果，避免个性化结果集中导致信息茧房	01 滑滑版 leaf 返回结果确保包含非个性化实验
htr/rrr（负向反馈/举报率）	负向打压	MC 阶段 ensemble sort 优化；设置版根据 hate 行为提升用户等级
分级	用户、视频均分级	根据用户 hate 历史提高用户等级实验
browse aid 过滤	避免总是刷到同一个作者	browse aid 过滤实验
作者类目打散	尝试解决视频类型聚集的问题	作者一级类目打散

资料来源：K 平台数据分析部门提供支持，整理时间为 2021 年 1 月 24 日。

　　笔者在与推荐算法工程师交流访谈时，时刻感受到算法工程师对业务的理解与用户的体验时常结合到一起：当算法推荐因为造成"信息茧房"而被公众抨击时，算法工程师也开始思考如何开展算法打散策略。

　　比如把 5 个爱看的视频和 5 个不太爱看的视频放在一起，如果前 5 个全是爱看的，而后面 5 个全是不爱看的，可能用户翻到第 7 个视频时，就会退出；但如果把爱看和不爱看的夹杂着放，有可能用户能看完 10 个视频，可能还会从之前 5 个不爱看的视频里探索出一个新的兴趣，即这种组合的（用户观感体验指标）收益会有更大的提升

空间。（K平台推荐算法技术总监，访谈时间202110122）

无论是通过体验行为反馈，还是通过舆论场的建构压力，用户的力量都促进了K平台算法实践的优化目标变化与策略更迭。可以说，平台算法实践随着用户体验需求的变化，也在不断发生变化。

2. 借力政府监管释放用户话语空间

有些时候，平台用户的诉求还会被政府监管部门所吸纳，从而从另一个方向加强他们的体验和反馈对平台算法治理的影响力。当用户举报视频非法违规时，如果他们并没有通过平台内部的反馈机制，而是直接向"有关部门"反映，这就形成了新的话语空间力量——用户借助政府监管部门之手来"整改"平台的算法实践。当用户实名举报"K平台内容价值观有问题，对用户产生不良影响"时，K平台就会接到网信办的通报。一旦这类用户举报事件频发，K平台就有压力对内容生态进行整顿，加大算法审核系统在历史回溯、排查方面的力度，推动内部算法识别、内容分发和推荐系统的联动，从而加强对劣质内容的打压和过滤。

比较吊诡的是，如果用户的话语空间释放诉求与政府监管部门的要求相矛盾，平台会首先选择符合政府监管的安全底线，牺牲掉一部分用户的利益需求，因此，算法实践的践行规则，一定是以"政府监管要求"为底线的。K平台的内容审核专员曾经给笔者讲述过这样一个情景：当时有一个用户向政府监管部门举报，认为平台的算法识别过于严格，已经影响到了用户的言论自由。

这时我们（平台方）就很矛盾，算法审核系统的标准是否需要给公众的话语权留有一定的弹性空间？因为也担心用户的诉求反映过多，形成集体的舆论力量影响产品的品牌形象，造成用户流失，但是给用户释放更多话语空间，必然会带来安全威胁，而且用户对内容的偏好众口难调，安全底线攥在一小撮人手里，如果这一小撮人举报，平台会受到政府监管单位有法可依的监管举措，比如通报。（政府关

系部门负责人，访谈时间 20211222)

平台的算法实践，尤其是安全审核自动识别的标准，还是选择趋于严格收紧的状态。为什么呢？牺牲掉个别用户的话语空间，换取平台生存安全空间。

> 如果算法识别精准严格，一定是会损害用户体验的。这一部分群体的利益没有得到满足，如果他去政府监管部门举报，平台可以很有底气地反驳，监管部门给用户的回复也是支持平台做法。（政府关系部门负责人，访谈时间 20211222)

对于平台来讲，管得严格大概率不会出错，而且更符合政府监管部门的要求，因此平台自身不会因为内容监管不力而受到惩罚。但如果管得不严，只是为了释放用户的话语空间，总会有众口难调的用户向监管部门举报平台内容监管不力，平台就会受到监管部门的通报。因此，平台在满足用户体验的发展目标时，会优先考虑自己的生存安全线。为了减少政府监管部门的制裁，内容政治安全是底线，不能跟政府监管要求相违背，有时甚至会执行更严格的规则。

当用户利益、政府监管要求和平台商业利益考量三者相遇甚至相冲突时，如何通过重构算法实践加以衡量，便成为各方行动者围绕算法展开"竞争性驯化"的焦点。虽然这种冲突往往被实际掌控数据与算法设计的平台公司在达成利益均衡之后有意识地掩盖起来，但从学理上出发，我们作为研究者恰恰是揭示和解释这种得到微妙平衡的"竞争性驯化"现象在算法实践中的真实存在。

五　小结与讨论

Bucher（2017）曾经说道："如果我们想了解算法的社会力量，最重要的就是了解用户是如何与算法相遇并逐渐理解算法的，而这些经验反过来又会塑用户对算法系统的期望，也有助于塑造算法本身。"

　　本章的研究目标是更好地理解作为内容消费者的普通用户和 K 平台算法实践之间的交互作用。算法是为实现特定目标而设计的，因此，满足用户需求是平台管理者、运营者和算法工程师追求的目标之一。普通用户也带着自己的主动性参与 K 平台算法实践的建构，而非被动地被算法系统的运行规则控制；此外，普通用户作为行为反馈循环中的重要一环，也在持续影响着个体与算法间互动的结果，影响着系统层面的设计变化（具体参见图 8-3 所列的本章解释逻辑）。

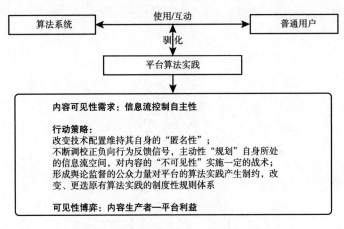

图 8-3　普通用户对算法实践的建构过程

　　研究结果表明，用户通过与 K 平台的反复互动，形成了对算法推荐机制的差异化认知，积累了关于算法的"手头库存知识"，这些认知和知识指导着用户与平台的持续互动行为。即使 K 平台的算法实践对用户来讲属于技术黑箱，他们仍然可以调整自己的行为，以他们所持的与算法系统正确互动的方式，实现他们使用系统的目标。正如 Dijck 和 Poell 在《理解社会化媒体的逻辑》一文中指出的那样，算法的权力主要体现在可编程性（programmability）上：一方面，社会化媒体平台刺激和引导了用户创造性或沟通性贡献的能力；另一方面，用户通过与这些被编码了的情境持续互动，转而拥有了影响平台信息流的能力（Dijck & Poell，2013）。

当用户与平台产生界面互动时，他就拥有了对算法实践的"诠释弹性"：K平台的用户通过改变技术配置维持其自身的"匿名性"，不断调校正负向的行为反馈信号而主动"规划"自身所处的信息流空间；他们还能对内容的"不可见性"实施一定的战术，甚至会借助形成舆论监督的公众力量对平台的算法实践产生制约，重塑原有算法实践的制度性规则体系。

第九章　总结与思考

18 世纪后期到 19 世纪前期，蒸汽机和纺织机等发明代表的机械生产带来第一次工业革命。19 世纪后期到 20 世纪前期，电力和石油的广泛运用促成了第二次工业革命。20 世纪 60 年代以后，半导体、计算机、互联网的发明带来第三次工业革命，物质生产进一步自动化。21 世纪以后发展起来的，以物联网、大数据、机器人及人工智能为代表的数字技术所驱动的社会生产方式变革，迎来了人类社会第四次工业革命的曙光。

如果所有物品接入互联网，产生大量数据，被各种以机器学习（深度学习/强化学习）算法为引擎的人工智能机器/系统所解析，并用于开发新的产品与服务，持续推动组织之间、组织与消费者之间的"智能连接"，技术设备、产品及人员之间都将连接到一起。这种场景预示着数字社会真的到来了。我们同样期待它能带来产业资本的高效化，但又有难以言说的"恐惧感"。我们害怕智能机器"失控"，害怕"算法机器"具有自主性。但过分的担忧与抵制，还不如重新审视我们该如何应对。

本书不是试图打开所谓的算法"技术黑箱"，而是希望从算法实践过程入手，了解算法背后的社会主体权力及利益衡量，揭示数字社会中的算法如何与社会主体互动的过程。通过对 K 平台算法实践的考察与探究，本书试图去理解算法的社会决定、社会形塑和社会建构的方式、机制和过程。本书认为，在理解算法与社会系统的互动过程时，需要关注特定的应用环境下，参与者如何能够使用或不使用算法的不同方面。算法的力量来源于社会又最终归于社会，如果机器参与其中，那么人们也参与其中。因此，展现算法实践中不同社会力量的建构不在于对技术的解构，而是了解谁或者什么成为算法实践所表达内容的一部分。

一 算法实践是平衡不同社会力量利益博弈的过程

当笔者最后一次与 K 平台推荐算法工程师访谈时，询问他如何看待 AI 算法、推荐系统的意义，该受访者如此告诉笔者：

> 任何一个 AI 技术系统都需要满足不同利益方的诉求，这是个不断平衡的过程，也是伴随平台发展阶段而动态调整的过程……至少要满足用户消费—内容生产—平台三方利益诉求，而在这个过程中，算法扮演的角色就是综合各方的利益，最大化三方的利益，期望在三方利益中间取得平衡。这就是算法团队需要集中解决的问题，运用算法集中决策。（推荐系统算法工程师 C2，访谈时间 20210302）

可以判断，AI 算法的每一次实践（识别、分类、过滤、排序等），无论是策略权重系数调整，还是输入数据或输出预测（分数/模型），抑或是出台人工规则的吸纳/干预过程，都是社会行动者参与利益博弈的过程。算法实践经历着持续不断的进化、迭代，动态调整着信息流的走向，使信息流更符合相关利益方的利益诉求——更及时、更相关。它将要解决的问题转化为可"计算"的技术操作：比如，排序问题，排序公式包含至少三组打分，排序分数 = f（用户体验分数、内容生产者收益、平台诉求分数）。

首先，平台公司具有双重角色身份，作为社会文化意义上的平台组织，是协调多方利益主体的技术中介角色，作为算法实践的技术操作者，通过产品价值观导向，为算法实践的工具理性逻辑下的效率匹配注入了价值主张，算法实践作为"普惠"流量分配机制不仅促进内容生产与消费的价值转换，也塑造了"普通人生活"的内容可见性，提供更多社会行动主体进行利益博弈的场域。

同样，平台公司作为市场主体，自身有赢利需求，开展算法实践一定为其商业模式提供有效转化路径。作为利益相关者的广告主也会主动参与算法实践的建构过程，与平台公司的商业模式不谋而合，通过算法实践分配了用户的注意力，与平台公司共同完成商业利益的内容转化，为提高商业内容的可见性与用户体验展开了一定的博弈。

其次，作为内容监管者，政府监管部门及其代理人通过官方媒体公开训诫并塑造了算法实践的"合法性"，在"微观政治"的技术治理逻辑下，对算法实践的内容可见性不断实施规训，进行政治性权力的干预，在商业公司与用户体验的利益平衡中增加了政治诉求。

最后，作为内容生产者的用户，他们凭借对算法实践差异化的知识结构，不断驯化算法实践，规划自身的内容可见性，形成了以算法规则为中心的内容生产网络；作为内容消费者的用户，他们对算法实践的意义建构与主观想象，持续地对内容（不）可见性进行策略维系，无论是个体主观能动性的策略选择还是积极构建舆论场，都对平台的算法实践具有一定的策展能力。

K 平台的算法实践提供了一个整体社会性力量动态博弈的场域，算法成为平衡不同主体和利益之间的博弈性实践，经历了不同参与主体的利益磋商、规范化的过程：算法实践不仅是工具理性逻辑下内容分发的引擎，也作为协调多边关系的技术中介，承接着平台上不同角色的利益分配与平衡（见图 9-1）。

在算法实践不断平衡社会各方主体利益的同时，我们必须明确如下几个关键点。

（一）用户与使用：操纵信息流具有主动权

环顾社交平台的发展史，web2.0 的诞生连接和激活了用户，与平台发展产生了强烈共鸣。大多数早期使用者感激平台在支持在线创造力共

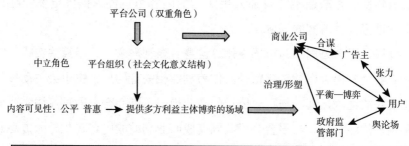

相关利益主体	利益诉求	算法实践对内容可见性：平衡—博弈
广告主	商业利益（广告可见性）	平台公司—广告主—用户需求/体验
政府监管部门	政治利益（内容安全性）	平台公司—用户体验
用户	主体利益（可见性/不可见性）	平台公司—用户—政府监管部门

图 9-1　算法实践：不同社会主体利益博弈过程

享、基于社区的社交活动与平等互动的权利方面所做的贡献。当平台日益壮大，虽然背后公司赢利的动机与商业偏好逐渐戳破了理想公共社区的幻想，用户使用 App 时已经成为彻底的商业和消费行为，但用户显然从中获得了一系列好处，依然喜欢自己作为内容生产者、消费者和观众的角色。

作为内容生产者角色的用户，在平台的互动中其社交关系得以扩大、创意内容得到分享，还会在了解平台相关的商业机制后，成为共享经济的一分子，在不断驯化平台算法实践的过程中让自己获利。同样，这一点与平台公司获得商业利益的需求相一致：创作者持续生产内容，内容不断货币化，平台公司和内容生产者都可以通过算法实践获利。举例来说，K 平台的创作者同时可以兼顾电商、直播带货者的角色，而 K 平台推荐算法的核心衡量目标之一，就是一定要考虑内容生产者的收益（更好地促成买卖双方交易）。2020 年 K 平台 App 促成的电商交易总额就达到 3812 亿元①。这种利益考量纳入算法实践，量化为指标体系后成为平台公司算法工程师的业绩考核。

---

①　数据来源：K 平台 2020 年第四季度及全年财报。

模型上线，观测推荐算法的收益，电商转化的指标（点击率、下单率等）提升了几个百分点，大盘指标数据是否有提升。（推荐系统算法工程师 C1，访谈时间 20210302）

而作为消费者角色的用户就处于"失权"状态了吗？研究显示，K平台的算法实践奉行用户至上，用户体验非常重要，算法实践必须"锁定"用户的注意力。在算法工程师展开算法实践的过程中，他必须持续衡量用户的利益与需求（量化技术指标评定算法模型上线的收益等）；同时，当用户与平台 App 界面发生交互时，就说明用户已经主动参与到算法实践中来了。用户利用平台提供的界面设置与自我维持内容不可见性的战术，持续地影响着信息流的变化。因此可以说，操纵信息流不仅仅是管理者的特权，用户同样可以使用算法系统"分包"观点，团结各种力量。

平台为用户提供技术配置，使他们可以通过点击、点赞、收藏、转发、更改界面设置等一系列操作行为影响信息流。用户的主动性行为反馈回来的信号，时刻调教着算法系统，不断重新规划算法实践。比如，通过埋点采集到大量的用户行为日志，这些用户行为反馈可以训练出来代表用户兴趣的模型，最终通过多目标的算法模型来预测用户的点击率、时长、互动率等衡量用户体验的各项指标。算法系统持续衡量着用户的诉求与利益〔衡量用户体验的指标综合考量 CTR/CVR/时长/互动率（点赞、转发、评论）等〕。用户还可以通过引导舆论场、促使舆论话题发酵、举报平台等隐形"战术"形成民意，以此改变、抵制、修改算法实践的平台规范与策略。

当用户通过默许和抗议来调整他们与平台之间的关系时，其实也在改变平台作为组织的多重制度属性形塑算法实践的实际进程。用户的行动与反馈时刻改变着平台算法策略，其管理社区和内容生态的规则与规范也相应发生变化；双方不断协商的过程对平台的价值观和内容主张进行了重新定义。举例来说，当某些忠实用户对 K 平台的内容生态不满，多次举报平台时，K 平台为撕下"土味、低俗"的品牌标签，积极调整算法推荐的策略，对低俗内容进行打压。经过这一调整，现在的社区生态已经不再是"下沉市场"的天下。

用户与平台公司微妙的"猫鼠游戏"集中于算法实践的互动当中，用户的一举一动（进入、活跃、退出）、生产/消费内容都时刻牵引着平台公司的敏感神经，都被编为代码，与机器语言调和，被算法"锁定"，持续量化权衡着利益。所以，正因为有用户的参与和使用，平台公司的算法实践才能够展开，无论用户的角色是内容生产者还是内容消费者，或者是拥有独立利益诉求的广告主、政府监管部门等。

（二）可见性博弈：算法实践过程的动态平衡

作为平台公司来说，它有着自己的产品价值观与调性（一种公共形象立场），在产品的不同发展阶段，其对产品的定义，其与竞品（如 D 平台）的差异化策略，都需要通过规则、公式、权重和计算路径等作为媒介，作用于算法实践当中。不同平台公司开展的算法实践，其逻辑相似之处，都是在做人与信息（人）的效率匹配，且在做效率匹配时，不断平衡平台上不同社会主体的利益需求，提供给不同社会主体一个利益博弈的场域。不同之处就是，它们在做效率匹配时，在不同阶段的利益平衡上有所取舍。

就信息分发平台而言，平台公司发展之初，无论是"民主、平等"的社区愿景，还是出于商业利益考量追求数据和流量，平台自身的存活是第一要义，而存活的前提是持续的用户增长。所以，每一个平台都在解放内容的生产权限，赋予普通人生产内容的公平机会与技术支持，允许用户发明创造适应于自己表达和交流需求的内容形式，鼓励用户持续生产内容。因此，我们能从 K 平台公司发展之初追求"公平、普惠"的产品价值观中感受到一个中立平台组织的角色建构：K 平台之所以能成为平台，是因为能提供给不同社会行动者"被看见"的机会（交流、互动或销售等）。因此，用户的利益非常重要，算法实践得以开展，一方面要持续不断地生产内容，另一方面需要用户持续地贡献注意力。这既是平台生态循环的开端，也是算法实践过程中，用户利益始终被考量的原因所在（算法推荐内容"可见性"的前提与基础）。这时候的平台，商业化的内容可见性还不高，广告主的利益（广告可见性）在一定程度上要让位于用户体验，甚至政府监管部门还未"下场"对平台内容生态开展治理。

但是当平台公司发展初具规模，商业利益必定会引入进来，政治监管环境也会趋紧，这个时候，平台的算法实践衡量的不仅仅是内容生产—消费的平衡，广告主、政府监管部门等主体的需求不断卷入进来，纷纷"下场"展开博弈。这时候的平台算法实践就成为多主体内容"可见性"博弈的场域：比如，广告主希望在信息流中维系广告的可见性，就需要主动卷入算法实践的"计算"逻辑中来。为了获得自动化创意的 AI 技术支持、提出 oCPX 等降成提效的诉求，他们需要平台算法模型精准预测用户对广告的点击率与转化率，这就要求算法实践同时考虑到广告主、平台与用户体验的利益平衡。我们在研究中发现，广告主可以凭借提高竞价这一手段达成与平台公司的利益共谋，由此对平台算法实践过程中的操作规则进行局部修改（如调整权重系数等），强行增加广告投放的可能性，牺牲掉部分用户的利益。但与此同时，平台也会通过调整量化用户体验的指标权重，来制衡广告主的竞价。可以说，K 平台的算法实践呈现的是不同利益主体持续的、变动中的博弈状态。

同样，作为内容生产者，如果是热门 IP 资源，那么他们很可能会对某个平台表达出一定的保量诉求，否则他们就不会选择与这个平台合作。新的内容创作者需要流量的扶持，希望内容创作有生产收益；电商想要的是利润和收入，希望自己的产品能获得更大的曝光量。所有这一切利益诉求，都会被平台的算法实践所衡量。在这个利益竞争和利益均衡的过程中，内容生产者会展开一定的博弈策略以争取其内容可见性的范围；政府监管部门则凭借着政治权威对平台公司的算法实践重新确立了规则与规范，而政府本身作为资本结构性风险的管控者，也在时刻制约着资本的野性，并通过对平台算法实践的规训、重塑和再建构来部分地释放两者之间的张力。

平台的算法实践不断地卷入相关行动者，算法系统也在不断调整不同行动者的利益分配，伴随它们依次对平台自身产品价值观、广告主的商业利益、用户体验、内容生产者的期待做出积极反馈和回应，甚至积极吸纳外部制度环境的监管要求，不断地接受公开的政治规训与价值观渗透，算法系统逐渐完成了多主体互动模式下的再建构，而平台公司也得以在维系多主体利益平衡的前提下，一步步地对内容可见性进行管理和规范。

二　多元社会主体影响算法实践的机制

通过践行"如何在正确的时间将正确的内容传递给正确的人"这一理念，K平台的算法实践围绕内容的"可见性"，最终形成了一种类似受控的供给（controlled provision）的局面：牵涉其中的多个社会行动主体都以不同的方式对算法实践，或直接或间接地行使他们的影响力和形塑力。可以看到平台公司和用户都可以操纵数据流，也都是算法实践的维系者，但是剖析他们影响算法实践的机制更为重要。本书认为，在K平台的算法实践过程中，展现了多元社会行动主体之间复杂的权力—利益关系形成了不同的博弈地位，各自的算法认知存在差异，展开了不同的策略互动，直接构成了影响算法实践结果的深层机制。

（一）逻辑起点：核心社会行动者的博弈地位

在算法实践过程中，"影响力无处不在"并不意味着每一类主体都有相对平等的机会行使它们的力量。算法实践的社会建构过程发生的基本前提是不同行动主体之间的权力—利益关系影响了可见性博弈的地位。

1. 控制权逻辑：平台多重制度属性及技术系统边界的开放性传导

任何组织对环境的依赖性使得外部限制和对组织行为的控制成为可能，组织总是容易受到控制着它们所需资源的组织/群体的影响（菲佛、萨兰基克，2006）。平台作为与市场、科层制截然不同的组织形态，既可以作为企业公司，具有经济属性，又可以维系双边/多边市场，具有网络外部性，甚至许多大型平台逐步演变为具有公共性的社会文化基础设施，逐渐承担起部分属于政府的责任与义务（李广乾、陶涛，2018）。平台这种组织方式，与其说是一个具体的社会实体，不如说是通过整合足够的支撑条件/资源来继续生存的过程。多重制度属性使得平台各个技术系统边界具有开放性，不断吸引新的行动主体进入，技术也具有了赋权功能（范如国，2021）。社会行动主体与平台内不同技术系统进行多层次互动，持续发挥各自的建构能力，但并不意味着其自身都有相对平等的机会行使各自的力量。

在上述案例剖析中，不同社会行动者对算法实践的控制权强度之间存在差异：我们能看到平台公司对算法设计、运行规则保持着实际的操作权，这种在算法作为技术意义上的占有与运用，体现出了平台公司的控制权强度。但是在算法实践过程中平台公司不得不时刻动态考量一系列核心行动者的权利诉求，比如，内容监管者凭借其政治强制力作用于平台组织的制度环境，决定着平台组织生存与发展的政治合法性，对算法实践规则及结果保持一定的控制强度；对于作为内容消费者角色的用户而言，他们对自我数据资源的控制力（有拒绝交换/服务能力）、个性化行为偏好（数字痕迹）直接影响算法实践的整体内容分发逻辑，而且其话语权（比如利用负向反馈与公众舆论等）对算法实践结果也保持一定的控制强度；而对广告主和作为内容生产者角色的用户而言，虽然与平台公司之间保持相对平等性资源交换的能力，前者通过付费购买平台广告位，后者提供内容获得流量/粉丝/经济收益，但是其自身可替代性较强（自身行业/群体内部竞争较多），所以对平台公司来讲，对算法实践的控制权强度较弱，只能通过利益合作/协商以及对平台的依附性程度获取话语权。

2. 利益相关性逻辑：核心行动者对平台经济的依赖性

任何技术活动中，不同的参与者有其不同的利益要求，这些要求都会对技术设计产生影响（Feenberg，1999）。在平台经济的发展背景下，平台公司通过数字技术不仅降低了技术红利共享的门槛，也提升了相关利益群体分享技术红利的能力（张茂元，2021）。技术红利不断吸纳各类利益主体进入平台技术系统持续互动，引导并激励其开展生产、服务、消费等活动从而实现利润获取或价值转化。对于信息分发平台上的社会行动者而言，技术红利并不是自动化获得的，要持续地在平台获取利益及价值创造，需要自身增加与平台互动的时间或经济成本，才能保持自身/内容的可见性范围或优先排序（Fourcade et al.，2020）。可以说，不同行动主体对平台经济的依赖性程度不同，也会影响其参与算法实践过程建构的能动性，即各自依赖平台获得利益需求的内在动因存在差异。

从案例剖析来看，首先，算法实践对于平台公司来讲是维系平台内容生态的重要手段，也是提高平台经济价值和社会价值的"利器"，无可厚非，这对于平台公司而言自身获利程度最高。其次，广告（为代表）作为平台组织的主要商业模式，算法实践（维系广告可见性）成为平台公司获得利润的来源之一，同时也是广告主顺利投放广告的必然手段。所以广告主与平台公司之间存在利益耦合性，即算法实践结果影响彼此利益获取的程度。即使广告主对于算法实践的控制权强度相对较低，也依然能为了广告投放，持续参与算法实践过程进行可见性博弈；相对而言，政府监管部门和内容消费者对于在平台上获利的需求较少（不能忽视政治、公共利益相关性和消费体验需求），对平台的获利依赖性相对较低，也是容易造成其主体性"缺场"的错觉，但是由于两方的控制权强度较高，其可见性博弈的地位不容忽视。最后，内容生产者对于在平台获利的需求存在差异，利益相关性在内容生产者内部差异较大，比如 K 平台内部调查数据表明专业的内容生产者与普通的内容生产者比例达到 3∶7，往往前者对平台的获利依赖性更高，主动性参与算法实践建构，增加自身内容变现的需求也更强。因此，内容生产者参与算法实践的利益相关程度整体较低，但是我们不能忽视他们参与算法实践的能力和平台利益的"耦合"程度（专业>普通），因为算法实践离不开任何一方的参与主体性，以及其持续建构的意愿。

总结来看，综合前述控制权强度和利益相关程度两个维度，对参与算法实践过程中多元社会主体博弈地位进行初步划分（见表9-1）。

表 9-1　多元社会行动者的博弈地位

影响算法实践		利益相关程度	
		高	低
控制权强度	强	平台组织者	政府监管部门/内容消费者
	弱	广告主	内容生产者

（二）参与建构过程：算法认知与行动策略

社会行动者博弈的地位差异是参与算法实践结果的基本前提，但是还需将其置于组织内外特定实践情境下，详细对比参与建构的过程，分析多元主体对算法的基本认知差异和行动策略。

1. 算法认知差异性

在算法实践过程中，社会行动主体本身的知识结构以及在算法实践情境下参与互动的角色位置影响着对算法理解的差异化认知：算法实践对于组织内部的管理者、运营者、算法工程师来说，更偏向技术性理解，作为提高内容分发效率的引擎，更是平台协调利益相关者利益平衡的机制。但是组织外部的应用者会把算法当作一种"外来"的技术载体，存在认知和操控意义上的盲区，就会形成不同的算法认知、赋予不同的意义和期望，这种认知和期望在很大程度上影响参与算法实践的行动策略。就 K 平台案例来看，核心的社会行动主体对于算法的认知和关注点存在显著差异。

对于平台公司内部，算法工程师认为算法是技术引擎，偏向技术性理解算法实践，更关注技术指标的提升；内容运营者认为算法是提高信息分发效率的工具，更关注部门业务指标的达成；决策层更偏向将算法实践看作协调平台参与主体利益平衡的机制，作为平台组织者和市场主体双重角色，关注经济效益和社会效益，更注重算法实践的工具理性（效率）和价值理性（产品价值观）平衡。

对于广告主，作为平台公司利益相关者代表之一，对算法实践的理解等同于技术系统的运作，更关注如何获取广告可见性。

对于政府监管部门，其属于平台公司合法性的监管方，对于算法的理解更多是一种技术手段，注重技术的价值理性，算法实践要符合"价值正确"，提高内容政治安全性。

对于内容生产者而言，算法认知存在知识积累的差异，但是作为技术的使用者，将算法视为流量变现的影响因素，注重自身及内容的可见性；对于内容消费者而言，算法认知不重要，基本可视为内容分发的方式，注重算法实践能否给自己带来更好的消费体验，自身获得信息流的掌控权与内容（不）可见性的自由度。

> 算法是什么，你问管理层就是平衡社区不同用户利益的机制，对于我们工程师来讲就是技术引擎，对于各部门（商业化/审核/政府关系/个性化推荐等）内容运营来讲就是提高效率的内容分发手段，指标提升就有业绩，对于外部用户来讲，就是技术系统、应用的工具……（某算法工程师，访谈时间20201109）

总体而言，算法实践对于平台公司内部是机遇，对于广告主、内容生产者、内容消费者既是机遇又是约束，对于政府监管部门来说是约束（算法实践监管的难度），具体如表9-2所示。

表9-2　不同行动者对算法实践的基本认知

类目	平台公司	广告主	政府监管部门	内容生产者	内容消费者
层次	决策/管理/操作层	使用	监管	使用	使用
算法认知	决策者:协调平台参与主体利益平衡的机制 内容运营者:提高信息分发效率的工具 算法工程师:技术引擎	技术系统	技术手段	流量变现的影响因素	分发内容的方式

类目	平台公司	广告主	政府监管部门	内容生产者	内容消费者
需求/关注点	决策者:工具理性(效率)和价值理性(产品价值观)平衡 内容运营者:部门业绩指标完成 算法工程师:技术指标提升	提高广告可见性	需要正确价值观引导;提高内容政治合法性	维系自身及内容可见性	信息流控制权利;自身内容(不)可见性
判断	机遇	机遇—约束	约束	机遇—约束	机遇—约束

2. 行动策略

多元行动者的博弈地位以及对算法认知的基本差异影响了自身的行动逻辑和策略:平台公司作为强控制权—高利益相关者,始终在算法实践过程中起到引领作用,直接对平台及相关利益主体的利益需求进行平衡,开展对算法的设计、运行、规则制定等;而广告主作为弱控制权—高利益相关者,在算法实践过程中不断调整自己的行动策略(提高出价、改善广告质量)适应算法分发广告的逻辑、尝试和平台公司协商,达成"利益共谋"(比如共享数据资源),争取自身可见性博弈的主动权;政府监管部门作为强控制权—低利益相关者,参与算法实践的行动逻辑是规训与引导,对算法实践规则、过程、结果采取强制力话语训诫与微观治理的行动策略;虽然整体上,内容生产者作为弱控制权—低利益相关者,不断适应算法实践逻辑,但是有高利益相关度的专业内容生产者一定会采取博弈、对抗策略争取自己及内容的可见性;内容消费者作为强控制权—低利益相关者,适应算法实践逻辑的过程中也不断对其加以驯化,有保持自己(不)可见性的策略与战术,具体如表9-3所示。

表 9-3   不同行动者的行动逻辑与策略

类目	平台公司	广告主	政府监管部门	专业内容生产者	内容消费者
行动逻辑	引领	适应/协商	规训/引导	适应/博弈/对抗	适应/驯化
行动策略	设计、规则制定等	"利益共谋"（共享数据提高出价；改善广告内容质量）	官媒话语训诫；微观政治治理	承认平台及算法的主权；自我学习与算法互动；自我数据优化；"流量交易"获取人工扶持；内容商业兑现与平台利益捆绑	个体行为反馈的主动性控制；负向反馈改善算法体验的战术

（三）可见性博弈的结果：权力—利益关系的张力与平衡

如前所述，算法实践过程中交织了不同社会行动者的地位差异、算法认知分歧以及行动策略。那么，内容可见性博弈的结果是怎样的？

从 K 平台的案例呈现来看，平台公司作为高控制权—高利益相关度的行动主体，虽然自身在算法实践过程中博弈地位最高，但是其高控制权强度、高利益相关度的基本前提是维系其余社会行动者的权力—利益关系的平衡。换句话说，平台公司的社会文化结构角色制约其市场主体的角色，因为作为企业公司的营收、控制权来源于平台的生态平衡。

所以，在权力—利益关系机制下，不同内容可见性的博弈结果整体呈现了动态的平衡，但是当不同社会行动主体互相之间进行博弈，内容可见性的利益需求存在冲突时，算法实践的结果在不同阶段（局部）会呈现一定的张力，内容可见性也呈现高低之分。

比如，政府监管部门作为强控制权—低利益相关者，面对内容生产者（弱控制权—低利益相关者），平台公司的算法实践在平衡利益冲突之时，由于政府监管部门的强控制权对平台内容可见性具有强力的审查限制，所以，政治/安全内容可见性相对较高（比如，内容生产者如果生产存在"政治风险"的内容，一定会被内容安全系统审核屏蔽）。

平台内容审核系统处于内容分发的上游，机器自动审核（辅助人工）触犯国家法律法规监管要求的内容基本都能 cover 掉，个性化推荐（算法）分发时，基本上看不到政治不正确的内容，而且平台对正能量内容有优先推荐的算法策略（推荐系统内人工干预策略），对政务机构发布的内容（GR 系统内）进行流量扶持，通过平台端内优质资源位（信息流排序第 1、2 位）助推 GR 部门需要的内容传播。（政府关系部门受访者 G1，访谈时间 20201017）

对于广告可见性博弈结果的呈现就相对平衡，因为广告主作为弱控制权—高利益相关者，面对内容消费者（强控制权—低利益相关者），平台算法实践一定会平衡双方及自身的利益需求（比如，平台既给广告主竞价的机会，也会根据用户偏好匹配合适的广告并给予用户负向反馈广告的技术配置）。

用户信息流中的广告不会消失，这是平台收益的来源之一，信息流中会始终给广告留坑位（广告位一般在信息流排序的第 3、4 位），不同的广告主根据用户画像对广告位进行竞价后获得了广告曝光，但是用户如果（对这个广告）反馈体验差，下次刷的时候就没有了，换成其他广告……（商业化部门受访者 O3，访谈时间 20200123）

同理，如果内容生产者和消费者之间博弈，那么，内容消费者的内容（不）可见性相对较高，而内容生产者的内容可见性相对较低。因为内容消费者作为强控制权—低利益相关者，面对弱控制权—低利益相关度的内容生产者，平台公司对消费者的话语权和需求重视程度更高，虽然 K 平台由于产品价值观影响，注重内容生产者的利益需求，但是算法实践（尤其是推荐算法本身）整体上还是迎合消费者的偏好，所以，消费者的内容（不）可见性博弈能力更强，具体如表 9-4 所示。

表 9-4　社会行动者可见性博弈结果

社会行动者权力—利益博弈地位		可见性博弈结果
政府监管部门 强控制权—低利益相关度	内容生产者 弱控制权—低利益相关度	政治/安全可见性：高
广告主 弱控制权—高利益相关度	内容消费者 强控制权—低利益相关度	广告可见性：平衡
内容消费者 强控制权—低利益相关度	内容生产者 弱控制权—低利益相关度	内容消费者内容（不）可见性：高

　　推荐系统整体上会根据用户的个人画像、行为偏好来对内容进行索引、召回、排序，比如算法一次推出来 10 个视频后，会有人工干预替换掉某几个，也许换成广告、电商直播、平台某阶段需要重点运营的内容或者在国家重大节庆期间需要宣传的内容，最后决定用户看什么（10 个视频），是综合各方权利的权衡结果，但是不同用户的信息流是有个性化差异的，你看到的 10 个和我看到的 10 个是不一样的。（推荐算法工程师，访谈时间 20210109）

　　通过上述分析，我们能发现，平台组织开展的算法实践是具有很强社会情境性、凸显社会主体主观能动性的复杂互动过程。我们理解算法及算法实践结果并不能将其"黑箱"化，简单因果论式地批判算法实践的好坏，也不能局限于将算法实践模糊化为技术系统，价值预设其仅仅为组织者、操控者的管理控制手段。我们承认平台公司作为组织方的实操权限与能力，但是也必须明确其权力和利益获取的前提离不开其余社会主体的利益需求与博弈能力。同时，人工智能技术的自身属性需要算法设计、算法规则的人工规范（比如监督学习数据标注规则、算法策略人为判断等），更需要应用者持续性数据循环反馈。这意味着算法实践的过程取决于特定制度环境和组织结构下核心社会行动者的动机、算法认知和相互之间权力—利益关系机制。所以，算法实践的社会建构过程表现如图 9-2 所示。

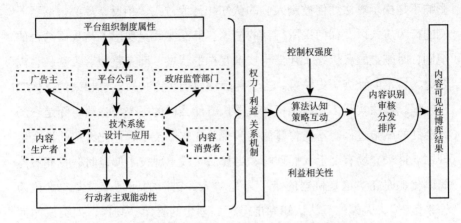

图 9-2　算法实践的社会建构过程—机制及结果

　　总结来看，在算法实践的过程中，受到组织制度属性与个体主观能动性的影响，多元社会行动者共同参与了算法实践的建构过程，算法实践成为内容可见性博弈的场域，在权力—利益关系机制影响下，不同社会行动者处于不同的博弈地位，也形成差异化的算法认知与复杂的策略互动，最终塑造了算法实践的结果：可见性博弈的动态平衡与张力。

三　如何理解算法：一种实践逻辑的路径

　　一系列的算法实践，从社会文化角度来说，有助于我们正确认识"算法"：我们可以将算法理解为一种发挥主观能动性的"想象"，一种情感认知，或者是人们"手头知识库"的积累。算法"无处不在"，成为社会文化场域中具有生产性的概念；它被公众讨论，受到大众话语、新闻报道和学术论文的不断解构与重构。有关算法的公众话语所具有的强大力量提醒我们，普通人也有理解算法意义的能力——算法实践可以是算法工程师和计算科学家在技术层面的产物，也可以是普通人通过界面互动的感知、情感体验与行动策略，主动参与建构的结果。

　　算法实践面向公众，公众也越来越被"计算"的逻辑所影响，这种影响不是揭示算法如何控制人们的认知和行为方式，相反，算法塑造了人们的行为方式以及如何采取行动的情境。算法实践呈现出人与代码结合的规则，时刻提醒我们处于社会与技术互构的状态。而完整理解算法，也需要进入特定的社会历史情境，去关注算法以何种方式被动员起来的具体实践过程。算法实践不是人类指导机器执行什么样的指令与步骤，而是一场社会性的试验过程。不能将算法实践视为纯粹的技术客体或纯粹的社会性规则。这一立场有助于我们理解，当算法实践出现技术偏差时，我们不能简单化地追究"这是机器的错"还是"人的错"的问题，或者"谁该为结果负责"，偏颇的算法认知肯定得不到理想的答案。同样，人类该如何应对"算法世界"？我的回答是：保持理性的应用。

首先，算法不是洪水猛兽，人类需要认识到"算法世界"的不完整性。算法的逻辑可能令人产生错觉：以一种未知的方式反映我们的习惯和存在方式。算法容易被"妖魔化"为拥有自主性的独立行为体，对人类社会产生"控制"力量。这种认知，一方面因为算法有其自身的技术逻辑，其自主性源于计算能力和速度超过人类（Smith，2018），应用人类的规范与规则也能自我适应、生成规范与规则（比如无监督学习/深度学习/强化学习）。但另一方面，算法不会有意识地思考和行动，它们通过"观察"来学习，其推理逻辑无法与人类的感觉形成的认知模式相比，它们以概率性、相似性归纳人类的逻辑具有局限性，容易忽略人类生活的许多其他方面。

其次，算法是人类智能的寄生，当人们使用各种应用（搜索引擎或社交媒体）或者与机器人进行社交互动、使用自动驾驶汽车时，我们不能忘记人类是同谋。我们并不总是意识到，是人类本身，至少在最初教算法学习，并为它们提供足够的数据。

因此，我们必须认识算法的局限性，理性应用以及意识到留给人类行动、反应、解释、决策的空间。理解和理性应用算法意味着时刻关注技术系统与社会系统互动的实践过程。毕竟，技术与社会的关系始终都是一个有趣而有意义的主题，本书也是追随前人的脚步与时代的步伐，进行的一

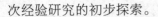

次经验研究的初步探索。

从本书对 K 平台算法实践的剖析来看，算法已经成为平台组织内外多类社会主体力量作用的函数；它在被设计出来并得以应用的过程中，经历了制度化、社会驯化的过程，并且需要用制度属性的嵌入机制与制度再生产的机制来解释其不断得以转型、重构和再造的生态现实。数据、平台、用户，每一部分都成为算法所表达内容的一部分，每一方社会参与者的主观能动性都被卷入算法所在技术系统内进行量化处理，可以说，算法的"人性"体现在技术系统运行的各个技术细节，作为监管者的政府部门的权力意志也必须贴合算法系统运行的技术逻辑才能进行其属意的微观政治实践；平台的商业利益需求也需要融合在算法模型的设计过程中。更为甚者，算法的制度属性同样必须经由用户对其不断驯化的过程而起作用，因为这些制度性规则起作用的前提，是用户和平台内容产生足够的连接，而其连接的基础，则是用户生产内容的个性化程度、其与算法互动的程度（参与度），以及其对平台的信任度，这些因素互相交织在一起，使得算法作为运行不同规则的代理主体与规则本身，不断循环往复成为理解技术与社会互动关系的中介。

总结本书的理论贡献在于以下几方面。

第一，在系统梳理自然科学以及社会科学领域对算法的研究文献基础上，尝试从社会学视角进行研究，将"算法控制"的"技术决定论"静态推论转向"社会建构"的过程—机制分析。

第二，本研究尝试打破组织—技术研究领域，结构—制度与主观能动性—策略两种研究取向的对立，将算法纳入组织—技术—个人分析框架，提出多元社会行动主体基于制度属性、权力—利益逻辑的社会建构过程，对不同主体如何受到制度属性影响、自身算法认知与行动策略以及影响算法实践结果展开比较完整的观察与把握。

第三，在案例剖析的基础上，提炼出影响算法实践社会建构过程的两个核心因素：控制权强度和利益相关程度，并尝试在此基础上分析多元社会行动者对算法实践的影响效果，厘清行动者算法认知和行动策略产生的原因和条件，更好地把握算法实践过程中组织—技术—个人互动过程背后的动力和逻辑。

四　研究展望与研究不足

本书秉承社会建构范式展开研究，试图观测算法系统支撑起平台社交的规范结构，剖析卷入其中的不同社会行动主体的需求、动机和策略，并将其看作一个动态的、持续性的社会试验过程。对本书的自我检讨得出的第一个判断，便是本书在一定程度上对支持这种互动过程的结构性因素分析不足：围绕算法实践展开的这一多主体社会建构过程，应该放在怎样的外部结构性条件的语境下来理解？形塑算法实践之社会建构的中国情境究竟如何？具体来说，无论是中国特色的互联网产业发展环境，还是当代中国的政治制度环境，都是我们理解以 K 平台为代表的互联网内容分发平台的算法实践的嵌入性要素。在今后的研究中，笔者应该更多关注特定时空下的结构性力量作为外部条件带来的约束或促进，并补充讨论国外平台公司的算法实践，与国内平台公司的算法实践所面临的外部条件的差异性和共同点，由此对两种社会形态下的算法实践的社会建构过程做一定的比较视野的分析。

本书的第二个不足，在于本书的经验案例仅限于信息/内容分发平台。至于算法实践如何在其余类型的平台公司展开，它们面对的社会主体又有哪些变化，这些社会主体参与算法实践的能力和限度是否有所不同，这些问题都有待进一步的对比研究和分析。

展望未来，人类如何与 AI 共生自洽，尤其是当算法调节的 AI 系统形成网络化发展态势时，我们如何保持清醒认知和警惕之心，如何进行批判性的思考和防御性的设计，让更加智能化的机器/程序学习到人类社会"好"的一面，增强人性的"善"（augmented humanity），这是社会行动者共同努力的方向。

参考文献

1. 中文文献

〔美〕彼得·布劳：《社会生活中的交换与权力》，孙非、张黎勤译，华夏出版社，1988。

〔美〕彼得·伯格、托马斯·卢克曼：《现实的社会建构：知识社会学论纲》，吴肃然译，北京大学出版社，2019。

蔡磊平：《凸显与遮蔽：个性化推荐算法下的信息茧房现象》，《东南传播》2017 年第 7 期。

陈龙：《"数字控制"下的劳动秩序——外卖骑手的劳动控制研究》，《社会学研究》2020 年第 6 期。

陈云松：《认识算法价值　助力社会治理》，《群众》2021 年第 16 期。

丁晓东：《论算法的法律规制》，《中国社会科学》2020 年第 12 期。

〔美〕安德鲁·芬伯格：《技术批判理论》，韩连庆、曹观法译，北京大学出版社，2005。

范如国：《平台技术赋能、公共博弈与复杂适应性治理》，《中国社会科学》2021 年第 12 期。

〔美〕简·芳汀：《构建虚拟政府：信息技术与制度创新》，邵国松译，中国人民大学出版社，2004。

〔美〕杰弗里·菲佛、杰勒尔德·R.萨兰基克：《组织的外部控制：

对组织资源依赖性的分析》，闫蕊译，东方出版社，2006。

〔日〕福田雅树等：《AI联结的社会：人工智能网络化时代的伦理与法律》，宋爱译，社会科学文献出版社，2020。

〔美〕弗兰克·帕斯奎尔：《黑箱社会：控制金钱和信息的数据法则》，赵亚男译，中信出版集团，2015。

方洁、高璐：《用户数据分析平台与计算机驱动新闻业——以"今日头条媒体实验室"为例》，《新闻与写作》2017年第1期。

黄晓春：《中国社会组织成长条件的再思考——一个总体性理论视角》，《社会学研究》2017年第1期。

姜红、鲁曼：《重塑"媒介"：行动者网络中的新闻"算法"》，《新闻记者》2017年第4期。

贾开：《人工智能与算法治理研究》，《中国行政管理》2019年第1期。

贾开、徐杨岚、吴文怡：《机器行为学视角下算法治理的理论发展与实践启示》，《电子政务》2021年第7期。

〔美〕曼纽尔·卡斯特：《网络社会的崛起》，夏铸九、王志弘译，社会科学文献出版社，2001。

雷明：《机器学习：原理、算法与应用》，清华大学出版社，2019。

李广乾、陶涛：《电子商务平台生态化与平台治理政策》，《管理世界》2018年第6期。

刘权：《网络平台的公共性及其实现——以电商平台的法律规制为视角》，《法学研究》2020年第2期。

刘颖、王佳伟：《算法规制的私法进路》，《上海大学学报》（社会科学版）2021年第6期。

梁玉成、政光景：《算法社会转型理论探析》，《社会发展研究》2021年第3期。

李三虎：《技术社会学的研究路径与中国建构》，《自然辩证法通讯》2015年第1期。

〔德〕卡尔·马克思：《资本论》（第一卷），人民出版社，1975。

〔法〕米歇尔·福柯：《规训与惩罚：监狱的诞生》，刘北成、杨远婴译，生活·读书·新知三联书店，1975。

彭兰：《智媒化：未来媒体浪潮——新媒体发展趋势报告（2016）》，《国际新闻界》2016年第11期。

彭兰：《算法社会的"囚徒"风险》，《全球传媒学刊》2021年第1期。

邱泽奇：《技术与组织的互构——以信息技术在制造企业的应用为例》，《社会学研究》2005年第2期。

邱泽奇：《技术与组织：多学科研究格局与社会学关注》，《社会学研究》2017年第4期。

邱泽奇主编《技术与组织：学科脉络与文献》，中国人民大学出版社，2018。

邱泽奇：《连通性：5G时代的社会变迁》，《探索与争鸣》2019年第9期。

邱泽奇：《算法向善选择背后的权衡与博弈》，《人民论坛》2021年第5期。

渠敬东：《项目制：一种新的国家治理体制》，《中国社会科学》2012年第5期。

渠敬东、周飞舟、应星：《从总体支配到技术治理——基于中国30年改革经验的社会学分析》，《中国社会科学》2009年第6期。

任敏：《信息技术应用与组织文化变迁——以大型国企C公司的ERP应用为例》，《社会学研究》2012年第6期。

〔美〕W.理查德·斯科特、杰拉尔德·F.戴维斯：《组织理论：理性、自然与开放系统的视角》，高俊山译，中国人民大学出版社，2011。

孙萍：《"算法逻辑"下的数字劳动：一项对平台经济下外卖送餐员的研究》，《思想战线》2019年第6期。

孙萍：《如何理解算法的物质属性——基于平台经济和数字劳动的物

质性研究》，《科学与社会》2019 年第 3 期。

〔日〕杉浦贤：《写给大家看的算法书》，绝云译，电子工业出版社，2016。

舒晓灵、陈晶晶：《重新认识"数据驱动"及因果关系——知识发现图谱中的数据挖掘研究》，《中国社会科学评价》2007 年第 3 期。

〔法〕埃米尔·涂尔干：《社会分工论》，渠东译，生活·读书·新知三联书店，2000。

汪怀君、汝绪华：《人工智能算法歧视及其治理》，《科学技术哲学研究》2020 年第 2 期。

王雨磊：《数字下乡：农村精准扶贫中的技术治理》，《社会学研究》2016 年第 6 期。

王水雄：《技术、博弈地位与组织方式变动》，《社会学研究》2000 年第 6 期。

王泽鉴：《人格权的具体化及其保护范围·隐私权篇（上）》，《比较法研究》2008 年第 6 期。

〔德〕马克斯·韦伯：《经济与历史：支配的类型》，康乐译，广西师范大学出版社，2010。

〔美〕兰登·温纳：《自主性技术：作为政治思想主题的失控技术》，杨海燕译，北京大学出版社，2014。

夏保华：《简论早期技术社会学的法国学派》，《自然辩证法研究》2015 年第 8 期。

徐笛：《算法实践中的多义与转义：以新闻推荐算法为例》，《新闻大学》2019 年第 12 期。

许向东、郭萌萌：《智媒时代的新闻生产：自动化新闻的实践与思考》，《国际新闻界》2017 年第 5 期。

阳镇、陈劲：《数智化时代下的算法治理——基于企业社会责任治理的重新审视》，《经济社会体制比较》2021 年第 2 期。

闫志刚：《社会建构论视角下的社会问题研究：农民工问题的社会建

构过程》，中国社会科学出版社，2010。

于洋、马婷婷：《政企发包：双重约束下的互联网治理模式——基于互联网信息内容治理的研究》，《公共管理学报》2018 年第 3 期。

喻国明、焦建、张鑫：《"平台型媒体"的缘起、理论与操作关键》，《中国人民大学学报》2015 年第 6 期。

张凯彦：《算法管理与多边劳动合作：以滴滴网约车为例》，北京大学硕士学位论文，2020。

赵璐、刘能：《超视距管理下的"男性责任"劳动——基于 O2O 技术影响的外卖行业用工模式研究》，《社会学评论》2018 年第 4 期。

周旅军、吕鹏：《"向善"且"为善"：人工智能时代的算法治理与社会科学的源头参与》，《求索》2022 年第 1 期。

张茂元、邱泽奇：《技术应用为什么失败——以近代长三角和珠三角地区机器缫丝业为例（1860~1936）》，《中国社会科学》2009 年第 1 期。

张茂元：《近代珠三角缫丝业技术变革与社会变迁：互构视角》，《社会学研究》2007 年第 1 期。

张茂元：《技术红利共享——互联网平台发展的社会基础》，《社会学研究》2021 年第 5 期。

章震、周嘉琳：《新闻算法研究：议题综述与本土化展望》，《新闻与写作》2017 年第 11 期。

翟秀凤：《创意劳动抑或算法规训？——探析智能化传播对网络内容生产者的影响》，《新闻记者》2019 年第 10 期。

张爱军：《"算法利维坦"的风险及其规制》，《探索与争鸣》2021 年第 1 期。

张凌寒：《权力之治：人工智能时代的算法规制》，上海人民出版社，2021。

张树沁：《淘宝村——信息技术应用的一种实践逻辑探讨》，北京大学博士学位论文，2018。

张志安、周嘉琳：《基于算法正当性的话语建构与传播权力重构研究》，《现代传播（中国传媒大学学报）》2019 年第 1 期。

周辉：《算法权力及其规制》，《法制与社会发展》2019 年第 6 期。

周黎安：《行政发包制》，《社会》2014 年第 6 期。

周雪光：《运动型治理机制：中国国家治理的制度逻辑再思考》，《开放时代》2012 年第 9 期。

2. 英文文献

Abelove, H., *Deep Gossip*. Minneapolis, MN: University of Minnesota Press, 2003.

Al-Akkad, A., Ramirez, L., Denef, S., Boden, A., Wood, L., Buscher, M. and Zimmermann, A., "'Reconstructing Normality': the Use of Infrastructure Leftovers in Crisis Situations as Inspiration for the Design of Resilient Technology," *Proceedings of the 25th Australian Computer-Human Interaction Conference: Augmentation, Application, Innovation, Collaboration*, ACM, New York, NY, 2013.

Amoore, L., "Algorithmic War: Everyday Geographies of the War on Terror," *Antipode*, 2009, 41 (1).

Amoore, L., *The Politics of Possibility: Risk and Security beyond Probability*. Durham, NC: Duke University Press, 2013.

Anderson, C. W., "Deliberative, Agonistic, and Algorithmic Audiences: Journalism's Vision of Its Public in an Age of Audience," *Journal of Communication*, 2011 (5).

Andrejevic, M., "The Big Data Divide," *International Journal of Communication*, 2014 (8).

Ananny, M., "Toward an Ethics of Algorithms Convening, Observation, Probability, and Timeliness," *Science, Technology & Human Values*, 2016, 41 (1).

Aneesh, A., "Global Labor: Algocratic Modes of Organization," *Sociological Theory*, 2009 (27).

Arthur, W. B. , *The Nature of Technology*: *What it is and How it Evolves*. NY: Free Press, 2009.

Avery, R. B. , K. R. Brevoort, and G. Canner, G. , "Does Credit Scoring Produce a Disparate Impact?" *Real Estate Economics*, 2012, 40 (S1).

Balkin, Jack M. , "The Three Laws of Robotics in the Age of Big Data," *Social Science Electronic Publishing*, 2017 (78).

Barocas, S. , & Selbst, A. D. , "Big Data's Disparate Impact," Available at SSRN 2477899, 2016.

Becker, Gray S. , *The Economic Approach to Human Behavior*. Chicago: University of Chicago Press, 1976.

Bennett, C. J. , "Voter Databases, Micro-targeting, and Data Protection Law: Can Political Parties Campaign in Europe as they do in North America?" *International Data Privacy Law*, 2017 (4).

Beer, David, "The Social Power of Algorithms," *Information*, *Communication & Society*, 2017, 20 (1).

Beer, David, "Power through the Algorithm? Participatory Web Cultures and the Technological Unconscious," *New Media & Society*, 2009, 11 (6).

Berry, D. M. , *The Philosophy of Software*. London, England: Palgrave Macmillan, 2011.

Bijker, W. E. , "The Social Construction of Bakelite: Toward a Theory of Invention," In W. E. Bijker, T. P. Hughes, and T. Pinch (eds.), *The Social Construction of Technological Systems*. Cambridge, MA: MIT Press, 1987.

Binns, R. Veale, M. Van Kleek, and M. Shadbolt, "Like Trainer, Like Bot? Inheritance of Bias in Algorithmic Content Moderation," In G. L. Ciampaglia, A. Mashhadi, and T. Yasseri (eds.), *Social Informatics*, 2017.

Bishop, S. , "Anxiety, Panic and Self-optimization: Inequalities and the YouTube Algorithm," *Convergence*: *The International Journal of Research into*

New Media Technologies, 2018, 24 (1).

Bishop, S., "Managing Visibility on YouTube Through Algorithmic Gossip," *New Media and Society*, 2019, 21 (11-12).

Boland, R. J., and W. Day, "The Phenomenology of Systems Design," *Proceedings of the Third International Conference on Information Systems.* Ann Arbor, MI, 1982.

Burgess, Jean E. & Green, Joshua B., "Agency and Controversy in the YouTube Community," In IR 9.0: Rethinking Communities, Rethinking Place-Association of Internet Researchers (AoIR) Conference, 15-18 October 2008, IT University of Copenhagen, Denmark. (Unpublished) Available at https://eprints. qut. edu. au/15383/.

Brevoort, K. P., P. Grimm, and M. Kambara, *Data Point: Credit Inuisbles.* Washington DC: Consumer Financial Protection Bureau, 2015.

Braverman, H., *Labor and Monopoly Capital: The Degradation of Work in the Twentieth Century.* New York: Monthly Review Press, 1974.

Braverman, I., "Governing the Wild: Databases, Algorithms, and Population Models as Biopolitics," *Surveillance & Society*, 2014, 12 (1).

Brubaker, Rogers, "Digital Hyperconnectivity and the Self," *Theory and Society*, 2020, 49 (5/6).

Burawoy, M., *Manufackuring Consent.* Chicago: The University of Chicago Press, 1979.

Burawoy, M., *The Politics of Production.* London: Verso Press, 1985.

Bucher, T., "Cleavage-control: Stories of Algorithmic Culture and Power in the Case of the YouTube 'Reply Girls'," In Papacharissi Z. (ed.), *A Networked Self and Platforms, Stories, Connections.* New York: Routledge, 2018.

Bucher, T., "The Algorithmic Imaginary: Exploring the Ordinary Affects of Facebook Algorithms," *Information, Communication & Society*, 2017, 20 (1).

Bucher, T. , " 'Want to be on the Top?' Algorithmic Power and the Threat of Invisibility on Facebook," *New Media and Society*, 2012, 14 (7).

Bucher, T. , *If... Then*: *Algorithmic Power and Politics* (Oxford Studies in Digital Politics). New York: Oxford University Press, 2018.

Burrell, Jenna & Marion Fourcade, "The Society of Algorithms," *Annual Review of Sociology*, 2021, 47 (1).

Cameron, L. D. , & Rahman, H. , "Expanding the Locus of Resistance: Understanding the Co-constitution of Control and Resistance in the Gig Economy," *Organization Science*, 2022, 33 (1).

Castells, Manuel & Gustavo Cardoso, *The Network Society*: *From Knowledge to Policy*. Washington, DC: Johns Hopkins Center for Transatlantic Relations, 2006.

Chandra, V. , *Geek Sublime*: *Writing Fiction*, *Coding Software*. Faber, London, 2013.

Child, J. , "Organizational Structure, Environment and Performance: The Role of Strategic Choice," *Sociology*, 1972 (6).

Cooley, M. , "Computerization Taylor's Latest Disguise," *Economic and Industrial Democracy*, 1980, 1 (4).

Collins, H. M. , "Expert Systems and the Science of Knowledge," In W. E. Bijker, T. P. Hughes and T. Pinch (eds.), *The Social Construction of Technological Systems*. Cambridge, MA: MIT Press, 1987.

Cormen, T. H. , *Algorithms Unlocked*. Cambridge, MA: MIT Press, 2013.

Cheng, Lu, Ramazon Kush & Huan Liu, "Socially Responsible AI Algorithms: Issues, Purposes, and Challenges," *Journal of Artificial Intelligence Research*, 2021 (1).

Cotter, Kelley, "Playing the Visibility Game: How Digital Influencers and Algorithms Negotiate Influence on Instagram," *New Media&Society*, 2019,

21 (4).

Cotter, Kelley & Bianca Reisdorf, "Algorithmic Knowledge Gaps: A New Dimension of (Digital) Inequality," *International Journal of Communication*, 2020 (4).

Covington, Paul, Jay Adams, and Emre Sargin, "Deep Neural Networks for Youtube Recommenders," Proceedings of the 10th ACM Conference on Recommender Systems. ACM, 2016.

Crawford K. , "Can an Algorithm be Agonistic? Ten Scenes from Life in Calculated Publics," *Science, Technology, & Human Values*, 2016, 41 (1).

Davis, L. E. and J. C. Taylor, "Technology, Organization and Job Structure," In R. Dubin (ed.), *Handbook of Work, Organization, and Society*. Chicago, IL: Rand McNally, 1986.

de Certeau, M. , *The Practice of Everyday Life* (S. Rendall, Trans.). Berkeley: University of California Press, 1984.

Decker, Deborah, "Consent Decrees and the Prison Litigation Reform Act of 1995: Usurping Judicial Power or Quelling Judicial Micro Management," *Wiscossin Law Review*, 1997.

Desrosières, A. , & Naish, C. , *The Politics of Large Numbers: A History of Statistical Reasoning*. Cambridge, MA: Harvard University Press, 2002.

Diakopoulos, N. , "Algorithmic Accountability: Journalistic Investigation of Computational Power Structures," *Digital Journalism*, 2015, 3 (3).

Dijck, J. Van, and T. Poell, "Understanding Social Media Logic," *Media and Communication*, 2013, 1 (1).

Dourish, P. , "Algorithms and their Others: Algorithmic Culture in Context," *Big Data Society*, 2016 (3).

Domingos, P. , *The Master Algorithm: How the Quest for the Ultimate Learning Machine will Remake Our World*. New York, NY: Basic Books, 2015.

Donald Mackenzie And Judy Wajcman, *The Social Shaping of Technology* (2nd eds.), Open University Press, 1999.

Drucker, J. , "Performative Materiality and Theoretical Approaches to Interface," *Digital Humanities Quarterly*, 2013, 7 (1).

Edwards, R. , *Contested Terrain: The Transformation of the Workplace in the Twentieth Century.* NewYork: Basic Books, 1979.

Elkin-Koren, N. , and M. Perel, "Separation of Functions for AI: Restraining Speech Regulation by Online Platforms," *Lewis & Clark Law Review*, 2020, 24 (3).

Eslami, M. , Rickman, A. , Vaccaro, K. , Aleyasen, A. , Vuong, A. , Karahalios, K. , . . . Sandvig, C. , "*I Always Assumed that I Wasn't Really that Close to* [*Her*]: *Reasoning about Invisible Algorithms in the News Feed*," Paper presented at the Proceedings of the 33rd Annual SIGCHI Conference on Human Factors in Computing Systems, New York, NY, 2015.

Feenberg, Andrew, *Questioning Technology.* New York: Routledge, 1999.

Flach, P. , *Machine Learning: The Art and Science of Algorithms that Make Sense of Data.* Cambridge, England: Cambridge University Press, 2012.

Flanagan, M. , & Nissenbaum, H. , *Values at Play in Digital Games.* Cambridge, MA: MIT Press, 2014.

Foucault, M. , *Security, Population, Territory: Lectures at the Collège de France 1977-78.* Trans. G. Burchell. New York, NY: Palgrave Macmillan, 2007.

Fourcade, M. , "Ordinal Citizenship," *The British of Sociology*, 2021, 72 (2) .

Fourcade, M. , and K. Healy, "Seeing Like a Market," *Socio-Economic Review*, 2016, 15 (1).

Fourcade, M. , and K. Healy, "Categories All the Way Down," *Historical*

Social Research, 2017, 42 (1).

Fourcade, Marion & Fleur Johns, "Loops, Ladders and Links: the Recursivity of Social and Machine Learning," *Theory and Society*, 2020 (49).

Fuller, M., *Software Studies: A Lexicon.* Cambrldge, MA: The MIT Press, 2008.

Goffey, Andrew, "Algorithm," In M. Fuller (ed.), *Software Studies: A Lexicon.* Cambridge, MA: The MIT Press, 2008.

Giddens, A., *Central Problems in Social Theory: Action, Structure and Contradiction in Social Analysis Berkeley*, CA: University of California Press, 1979.

Giddens, A., *The Constitution of Society: Outline of the Theory of Structure.* Berkeley, CA: University of California Press, 1984.

Gillespie, T., "The Politics of 'Platforms'," *New Media & Society*, 2010, 12 (3).

Gillespie, T., "The Relevance of Algorithms," In T. Gillespie, P. J. Boczkowski, & K. A. Foot (eds.), *Media Technologies: Essays on Communication, Materiality, and Society.* Cambridge, MA: The MIT Press, 2014.

Gillespie, T., "Algorithm," In B. Peters (Ed.), *Digital Keywords: A Vocabulary of Information Society and Culture.* Princeton, NJ: Princeton University Press, 2016.

Gillespie, T., "Algorithmically Recognizable: Santorum's Google Problem, and Google's Santorum Problem," *Information, Communication & Society*, 2007, 20 (1).

Gillespie, T., *Custodians of the Internet: Platforms, Content Moderation, and the Hidden Decisions that Shape Social Media.* New Haven: Yale University Press, 2018.

Goffey, A., "Algorithm," In Matthew Fuller (ed.), *Software Studies:*

A Lexicon. Cambridge, MA: The MIT Press, 2008.

Gollatz, K. , F. Beer, and C. Katzenbach, "The Turn to Artificial Intelligence in Governing Communication Online," Available at https: // www. researchgate. net/publication/328278875_ The_ Turn_ to_ Artificial_ Intelligence _ in _ Governing _ Communication _ Online, accessed 22 May 2020.

Gorwa, R. , Binns, R. , & Katzenbach, C. , "Algorithmic Content Moderation: Technical and Political Challenges in the Automation of Platform Governance," *Big Data & Society*, 2020, 7 (1).

Greene, Travis, Galit Shmueli, Jan Fell, Ching-Fu Lin, Mark L. Shope and Han-Wei Liu, "The Hidden Inconsistencies Introduced by Predictive Algorithms in Judicial Decision Making," arXiv: 2012. 00289 [cs], 2020.

Greenfield, A. , "Everywhere: The Dawning Age of Ubiquitous Computing," *Information, Communication & Society*, 2006, 20 (1).

Hacking, I. , *The Emergence of Probability: A Philosophical Study of Early Ideas about Probability, Induction and Statistical Inference.* Cambridge, England: Cambridge University Press, 2006.

Hallinan B. and Striphas T. , " Recommended for You: The Netflix Prize and the Production of Algorithmic Culture," *New Media & Society*, 2016, 18 (1).

Hatch, Mary J. , *Organization Theory.* Cambridge : Oxford University Press, 1997.

Harcourt, B. E. , *Exposed: Desire and Disobedience in the Digital Age.* Cambridge: Harvard University Press, 2015.

Hearn, A. , "Structuring Feeling: Web 2. 0, Online Ranking and Rating, and the Digital Reputa," *Ephemera: Theory and Politics in Organization*, 2010, 10 (3-4).

Hearn, A. , and S. Schoenhoff, "From Celebrity to Influencer," In P.

D. Marshall, and S. Redmond (ed.). *Chicago*, IL: University of Chicago Press, 2015.

Hirschheim, R., H. Klein, and M. Newman, "A Social Action Perspective of Information Systems Development," Proceedings of the Eighth International Conference on Information Systems. Pittsburgh, PA, 1987.

Introna, L. D., "Algorithms, Governance, and Governmentality on Governing Academic Writing," *Science, Technology & Human Values*, 2016, 41 (1).

Introna, L. D., "The Enframing of Code Agency, Originality and the Plagiarist," *Theory, Culture & Society*, 2011, 28 (6).

Introna, L., & Wood, D., "Picturing Algorithmic Surveillance: The Politics of Facial Recognition Systems," *Surveillance & Society*, 2004, 2 (2/3).

Jönsson and Grönlund, "Life with a Sub-Contractor: New Technology and Management Accounting," *Accounting, Organizations and Society*, 1988, 13, (5).

Just, N., and M. Latzer, "Governance by Algorithms: Reality Construction by Algorithmic Selection on the Internet," *Media, Culture & Society*, 2016, 39 (2).

Katzenbach, Christian & Lena Ulbricht, "Algorithmic Governance," *Internet Policy Review: Journal on Internet Regulation*, 2019 (8).

Karppi, T., & Crawford, K., "Social Media, Financial Algorithms and the Hack Crash," *Theory, Culture & Society*, 2016, 33 (1).

Kearns, Michael, and Aaron Roth, *The Ethical Algorithm: The Science of Socially Aware Algorithm Design*. New York, NY: Oxford University Press, 2020.

Elkin-Koren N. and Perel M., "Separation of Functions for AI: Restraining Speech Regulation by Online Platforms," *Lewis & Clark Law Review*, 2020, 24 (3).

Keller D., *Internet Platforms: Observations on Speech, Danger, and*

Money. Aegis Paper Series No. 1807, Hoover Institution, 2018.

Kitchin, Rob, "Thinking Critically about and Researching Algorithms," *Information, Communication & Society*, 2016 (1).

Kitchin, Rob, and M. Dodge, *Code/Space: Software and Everyday Life*. MIT Press, Cambridge, MA, 2011.

Klein, H., and R. Hirschheim, "Issues and Approaches to Appraising Technological Change in the Office: A Consequentialist Perspective," *Office: Technology and People*, 1983, 2 (1).

Kling, R., "Social Analyses of Computing: Theoretical Perspectives in Recent Empirical Research," *Computing Surveys*, 1980, 12 (1).

Kling, R. and S. Iacono, "Computing as an Occasion for Social Control," *Journal of Social Issues*, 1984 (40).

Kling, R., "Defining the Boundaries of Computing across Complex Organizations," In R. Boland and R. Hirschheim (eds.), *Critical Issues in Information Systems Research*. New York: Wiley, 1987.

Knuth, D., *The Art of Computer Programming: Volume 1 Fundamental Algorithms*. Addison-Wesley, Reading, MA, 1968.

König, P. D., "Dissecting the Algorithmic Leviathan. On the Socio-Political Anatomy of Algorithmic Governance," *Philosophy & Technology*, 2019, 33 (3).

Kowalski, R., "Algorithm = Logic + Control," *Communications of the ACM*, 1979, 22 (7).

Kreimer, S. F., "Censorship by Proxy: The First Amendment, Internet Intermediaries, and the Problem of the Weakest Link," *University of Pennsylvania Law Review*, 2006 (155).

Latour, B., *Reassembling the Social: An Introduction to Actor-network-theory*. Oxford, New York: Oxford University Press, 2005.

Lazer, David, "The Rise of the Social Algorithm," *Science*, 2015, 348

（6239）.

Lenglet, M. , "Conflicting Codes and Codings: How Algorithmic Trading is Reshaping Financial Regulation," *Theory, Culture & Society*, 2011, 28（6）.

Levy, Karen, Kyla Chasalow & Sarah Riley, "Algorithms and Decision-Making in the Public Sector," *Annual Review of Law and Social Science*, 2021（17）.

Levin, S. , "Google to Hire Thousands of Moderators after Outcry over YouTube Abuse Videos | Technology," *The Guardian*, 2015, December 5.

Lippold, C. J. , "A New Algorithmic Identity: Soft Biopolitics and the Modulation of Control," *Theory, Culture & Society*, 2011, 28（6）.

Lupton, D. , "Personal Data Practices in the Age of Lively Data," In J. Daniels, K. Gregory, and T. M. Cottom（eds. ）, *Digital Sociologies*. Bristol and Chicago: Policy Press, 2016.

MacCormick, J. , *Nine Algorithms That Changed the Future: The Ingenious Ideas That Drive Today's Computers*. Princeton, NJ: Princeton University Press, 2013.

Mackenzie, A. , "The Production of Prediction: What does Machine Learning Want? " *European Journal of Cultural Studies*, 2015, 18（4-5）.

Mackenzie, A. , and T. Vurdubakis, "Code and Codings in Crisis: Signification, Performativity and Excess," *Theory, Culture and Society*, 2011, 28（6）.

MacKenzie, D. , *An Engine, Not a Camera. How Financial Models Shape Markets*. Cambridge, MA: The MIT Press, 2008.

Mager, A. , "Algorithmic Ideology: How Capitalist Society Shapes Search Engines," *Information, Communication & Society*, 2012, 15（5）.

Mahoney, M. S. , "The History of Computing in the History of Technology," *Annals of the History of Computing*, 1988, 10（2）.

Mahnke, M and Uprichard, E. , "Algorithming the Algorithm," In R. König and M. Rasch (eds.), *Society of the Query Reader: Reflections on Web Search.* Amsterdam: Institute of Network Cultures, 2014.

Manovich, L., *Software Takes Command: Extending the Language of New Media.* London: Bloomsbury, 2013.

Mateescu, Alexandra and Aiha Nguyan, "Explainer: Algorithmic Management in the Workplace," *Data & Society*, 2019, 2 (2).

Martin, Kirsten, "Ethical Implications and Accountability of Algorithms," *Journal of Business Ethics*, 2019, 160 (4).

Mayer, Kenneth R., "Policy Disputes as a Source of Administrative Controls: Congressional Micromanagement of the Department of Defense," *Public Administration Review*, 1993, 53 (4).

McKeown, Timothy J., "'Micromanagement' of the US Aid Budget and the Presidential Allocation of Attention," *Presidential Studies Quarterly*, 2005, 35 (2).

Markus, M. L., "Power, Politics, and MIS Implementation," *Communications of the ACM*, 1983, 26 (6).

McKelvey, F., "Algorithmic Media Need Democratic Methods: Why Publics Matter," *Canadian Journal of Communication*, 2014, 39 (4).

Mohrman, A. M., and L. L. Lawler, "A Review of Theory and Research," In F. W. McFarlan (ed.), *The Information Systems Research Challenge.* Boston, MA: Harvard Press, 1984.

Miyazaki, S., "Algorhythmics: Understanding Micro-temporality in Computational Cultures," *Computational Culture*, 2012 (2).

Montfort, N., P. Baudoin, J. Bell, I. Bogost, J. Douglass, M. C. Marino, M. Mateas, C. Reas, M. Sample, and N. Vawter, *The Commodore 64.* Cambridge, MA: MIT Press, 2012.

Napoli, P. M., *The Algorithm as Institution: Toward a Theoretical Framework for Automated Media Production and Consumption.* New York:

203

McGannon Center, Fordham University, 2013.

Newman, M. and D. Rosenberg, "Systems Analysts and the Politics of Organizational Control," *International Journal of Management Science*, 1985, 13 (5).

Neyland, D. , and N. Möllers, "Algorithmic if... then Rules and the Conditioas and Consequences of Power," *Information, Communication & Society*, 2017, 20 (1).

Neyland, D. , "On Organizing Algorithms," *Theory, Culture & Society*, 2015, 32 (1).

Nieborg, D. B. , and T. Poell, "The Platformization of Cultural Production: Theorizing the Contingent Cultural Commodity," *New Media & Society*, 2018, 20 (11).

Noble, D. F. , *Forces of Production: A Social History of Industrial Automation.* New York: Oxford University Press, 1984.

Noble, S. U. , *Algorithms of Oppression: How Search Engines Reinforce Racism.* New York: New York University Press, 2018.

Ofcom, *The Use of AI in Content Moderation.* Report Produced by Cambridge Consultants on Behalf of Ofcom, 2019.

O'Reilly, T. , "Open Data and Algorithmic Regulation," In B. Goldstein & L. Dyson (eds.), *Beyond Transparency: Open Data and the Future of Civic Innovation.* San Francisco: Code for America Press, 2013.

Orlikowski, W. J. , "The Duality of Technology: Rethinking the Concept of Technology in Organizations," *Organization Science*, 1992, 3 (3).

Orlikowski, W. J. , "Using Technology and Constituting Structures: A Practice Lens for Studying Technology in Organizations," *Organization Science*, 2000, 11 (4).

Orlikowski, W. J. , and D. C. Gash, "Technological Frames: Making Sense of Information Technology in Organizations," *ACM Transactions on*

Information Systems (TOIS), 1994, 12 (2).

Orlikowski, W. J. , and S. V. Scott, "Sociomateriality: Challenging the Separation of Technology, Work and Organization," *The Academy of Management Annals*, 2008, 2 (1).

Orlikowski, W. J. , and S. V. Scott, "Exploring Material-discursive Practices," *Journal of Management Studies*, 2015, 52 (5).

Pasquale, F. , "The Emperor's New Codes: Reputation and Search Algorithms in the Finance Sector," Draft for discussion at the NYU "Governing Algorithms" Conference, 2014.

Pasquale, F. , *The Black Box Society: The Secret Algorithms that Control Money and Information*. Cambridge, MA: Harvard University Press, 2015.

Perrow, C. , "The Organizational Context of Human Factors Engineering," *Administrative Science Quarterly*, 1983 (28).

Perrolle, J. A. , "Intellectual Assembly Lines: The Rationalization Managerial Professional, and Technical Work," *Computers and Social Sciences*, 1986 (2).

Pickering, A. , *The Mangle of Practice: Time, Agency, and Science*. Chicago, IL: University of Chicago Press, 1995.

Powell, W. W. , "Review Essay: Explaining Technological Change," *American Journal of Sociology*, 1987, 93 (1).

Power, M. , "Counting, Control and Calculation: Reflections on Measuring and Management," *Human Relations*, 2004, 57 (6).

Postigo H. , "The Socio-technical Architecture of Digital Labor: Converting Play into YouTube Money," *New Media & Society*, 2014 (18).

Rader, E. , and R. Gray. , "Understanding User Beliefs about Algorithmic Curation in the Facebook News Feed," In Proceedings of the 33rd Annual ACM Conference on Human Factors in Computing Systems, 2015.

Real, E. , C. Liang, D. R. So & Q. V. Le , "Auto ML-Zero: Evolving Machine Learning Algorithms From Scratch. ," March 6, 2020, https://

arxiv. org /pdf /2003. 03384v1. pdf.

Robin Williams, David Edge, "The Social Shaping of Technology," *Research Policy* , 1996（25）.

Roose, K. , "The Making of a YouTube Radical," *The New York Times*, 2019, June 8, https：//www. nytimes. com/interactive/2019/06/08/technology/youtube-radical. html.

Rosenblat, Alex, *Uberland：How Algorithms Are Rewriting the Rules of Work*. Berkeley：University of California Press, 2018.

Schmidt, Anna & Michael Wiegand, "A Survey on Hate Speech Detection Using Natural Language Processing," Proceedings of the Fifth International Workshop on Natural Language Processing for Social Media. Valencia：Association for Computational Linguistics, 2017.

Schor, Juliet B. , William Attwood-Charles, Mehmet Cansoy, Isak Ladegaard & Robert Wengronowitz, "Dependence and Precarity in the Platform Economy," *Theory and Society*, 2020（49）.

Seaver, N. , "Knowing Algorithms," *Media in Transition 8.* Cambridge, MA：April, 2013.

Seaver, N. , "Algorithms as Culture：Some Tactics for the Ethnography of Algorithmic Systems," *Big Data & Society*, 2017, 4（2）.

Slack, J. D. , & Wise, J. M. , "Cultural Studies and Technology," In L. Lievrouw & S. Livingstone（eds. ）, *The Handbook of New Media* . London, England：Sage, 2002.

Smith, G. J. D. , "Data Doxa：The Affective Consequences of Data Practices," *Big Data & Society*, 2018, 5（1）.

Snider, L. , "Interrogating the Algorithm：Debt, Derivatives and the Social Reconstruction of Stock Market Trading," *Critical Sociology*, 2014, 40（5）.

Steiner, Christopher, *Automate This：How Algorithms Took over Our*

Markets, Our Jobs, and the World. New York: Portfolio Trade, 2013.

Striphas, T., "Algorithmic Culture," *European Journal of Cultural Studies*, 2015, 18 (4-5).

Takhteyev, Y., *Coding Places: Software Practice in a South American City*. MIT Press, Cambridge, MA, 2012.

Trist, E. L., and K. W. Bamforth, "Some Social and Psychological Consequences of the Longwall Method of Coal-getting," *Human Relations*, 1951, 4 (1).

Trist, E. L., G. W. Higgin, H. Murray, and A. B. Pollock, *Organizational Choice*. London, UK: Tavistock, 1963.

Van Dijck, J., "Facebook as a Tool for Producing Sociality and Connectivity," *Television & New Media*, 2012, 13 (2).

Van Dijck, J., *The Culture of Connectivity: A Critical History of Social Media*. Oxford University Press, 2013.

Van Dijck, J., & T. Poell, "Understanding Social Media Logic," *Media and Communication*, 2013, 1 (1).

West, S. M., "Censored, Suspended, Shadow Banned: User Interpretations of Content Moderation on Social Media Platforms," *New Media & Society*, 2018, 20 (11).

Wirth, N., *Algorithms+Data Structures=Programs*. Englewood Cliffs, NJ: Prentice Hall, 1985.

Verbeek, P. P., "Moralizing Technology: Understanding and Designing the Morality of Things," *Immunological Reviews*, 2011, 177 (1).

Velkova, Julia & Anne Kaun, "Algorithmic Resistance: Media Practices and the Politics of Repair," *Information, Communication & Society*, 2021, 24 (4).

Vonderau Patrick, "The Spotify Effect: Digital Distribution and Financial Growth," *Television & New Media*, 2019, 20 (1).

207

Von Hilgers, P. , "The History of the Black Box: The Cash of a Thing and Its Concept," *Cultural Politics*, 2011, 7 (1).

Wilf, E. , "Toward an Anthropology of Computer-mediated, Algorithmic Forms of Sociality," *Current Anthropology*, 2013, 54 (6).

Williams, R. , *Marxism and Literature*. Oxford, England: Oxford University Press, 1977.

Williams, R. , *Keywords: A Vocabulary of Culture and Society*. Oxford, England: Oxford, 1985.

Williams, R. , *Television: Technology and Cultural Form*. New York, NY: Routledge, 2005.

Williams, S. , *Truth, Autonomy, and Speech: Feminist Theory and the First Amendment*. New York: New York University Press, 2004.

Williamson, B. , "Governing Software: Networks, Databases and Algorithmic Power in the Digital Governance of Public Education," *Learning, Media and Technology*, 2015, 40 (1).

Willson, M. , "Algorithms (and the) Everyday," *Information, Communication & Society*, 2017, 20 (1).

Winner, L. , *The Whale and the Reactor: A Search for Limits in an Age of High Technology*. Chicago, IL: University of Chicago Press, 1986.

Winner, L. , "Upon Opening the Black Box and Finding It Empty: Social Constructivism and the Philosophy of Technology," *Science, Technology, and Human Values*, 1993, 18 (3).

Wynne, B. , "Unruly Technology: Practical Rules, Impractical Discourses and Public Understanding," *Social Studies of Science*, 1998 (18).

Yeung, K. , "Hypernudge: Big Data as a Mode of Regulation by Design," *Information, Communication & Society*, 2017, 20 (1).

Yeung, K. , "Algorithmic Regulation: A Critical Interrogation," *Regulation & Governance*, 2018, 12 (4).

Zarsky, T. Z., "Understanding Discrimination in the Scored Soclety," *Washington Law Review*, 2014, 89 (4).

Ziewitz, M., "Governing Algorithms: Myth, Mess, and Methods," *Science, Technology, & Human Values*, 2016, 41 (1).

Ziewitz, M., "A Not Quite Random Walk: Experimenting with the Ethnomethods of the Algorithm," *Big Data & Society*, 2017, 4 (2).

Zuboff, S., *In the Age of the Smart Machine*. New York: Basic Books, 1988.

附　录

附录1　受访者情况介绍

表1　K平台商业化部门相关人员访谈信息

受访者部门	访谈对象	受访者部门	访谈对象
商业化部门（运营人员）	A1；B2；C3	商业化部门（技术人员）	O1；O2；O3
广告商	D1/D2/D3		

注：涉及公司内部人员与广告商品牌形象，因受访者要求不公开个人/公司具体信息。

表2　K平台内容监管相关人员访谈信息

受访者部门	访谈对象	受访者部门	访谈对象
政府关系部门	G1；G2；G3	内容运营（政务号）	O1；O2；O3
内容评级/审核部门	C1；C2	算法工程师（mmu技术中台）	M1；M2

注：涉及公司内部人员，因受访者要求不公开个人具体信息。

表3　内容生产者及相关人员访谈信息

受访者类型	访谈对象	受访者类型	访谈对象
头部流量	C1；C2；C3	平台运营人员	O1；O2；O3
中腰部流量	C4；C5；C6；C7	算法工程师	A5；A6
尾部流量	C8；C9；C10		

注：涉及公司内部人员，因受访者要求不公开个人具体信息。

表 4　半结构化访谈用户信息

单位：岁

用户类型	性别	学历	城市/农村	年龄
低活用户	男	高中	三线	40
	女	本科在读	二线	20
	女	本科	三线	38
	男	本科	一线	35
中活用户	男	本科	一线	35
	女	高中	农村	21
	女	研究生	一线	32
高活用户	男	高中	三线	47
	男	高中	农村	48
	女	研究生	二线	26
全勤用户	男	初中	农村	30
	女	本科	三线	27

附录2　K 平台普通用户"推荐系统"观感体验调查

问卷调查：（App 站内私信/封面问卷投放）

1. 最近一个月，你在 K 平台哪些页面看过作品？

本题选项：

（1）发现页

（2）关注页

（3）同城页

2. 最近一个月，你在发现页看作品最经常使用的方式是？

本题选项：

（1）双列模式（如图）

（2）大屏模式（如图）

（3）两者切换，换着看

3. 根据最近一个月，在 K 平台发现页看视频的情况，你对以下描述

是否赞同（1 星代表非常不同意，5 星代表完全同意）

注：如果有某一条或多条描述，你无法进行评价，可不进行打分，本题分值（1~5）

本题选项：

(1) 我知道是由算法推送内容给我的
(2) 我认为算法是系统根据内容热度推送给我的
(3) 我认为是由算法系统根据我的兴趣爱好推送的
(4) 我认为是算法系统根据我的历史行为推送的
(5) 我认为是由算法系统根据我的好友相关喜好推送的
(6) 我并不了解算法推荐机制
(7) 我并不关心算法推荐机制

4. 根据最近一个月，在 K 平台发现页看视频的情况，你对以下描述是否赞同（1 星代表非常不同意，5 星代表完全同意）

注：如果有某一条或多条描述，你无法进行评价，可不进行打分，本题分值（1~5）

(1) 推荐给我的作品是我喜欢的, 很准确
(2) 发现页的作品, 是我近期关注/感兴趣的
(3) 发现页的作品, 符合我长期以来的兴趣方向
(4) 发现页的作品, 包括了我多方面的兴趣, 而不只是某方面的兴趣
(5) 对于感兴趣的作品, 我有看得过瘾的感觉(同类内容数量充足)
(6) 发现页的作品相似视频过多, 我感到单调、乏味
(7) 我明确反馈过不感兴趣的作品内容, 随后便没有再看到过类似作品
(8) 我的观看兴趣变化时, 作品会及时作出调整, 推出符合我兴趣的内容
(9) 推给我的作品在观看时, 我有个人隐私被冒犯到的感觉

5. 根据最近一个月，在 K 平台发现页看视频的情况，你对以下描述是否赞同（1 星代表非常不同意，5 星代表完全同意）

注：如果有某一条或多条描述，你无法进行评价，可不进行打分，本题分值（1~5）

（1）系统推给我什么我就看什么；

（2）当我兴趣发生变化,我会：

a. 主动去搜索一些我原来在发现页看得少的内容；

b. 我原来经常点赞的内容,现在我不怎么点赞了；

c. 我原来经常仔细看完的内容,现在都很快滑走了；

d. 我把原来关注的这个类型的作者都取消关注了；

e. 我关注了一些新的作品类型的作者；

f. 我也经常看关注页了(不完全依靠算法推荐)；

（3）试图尝试过以下行为：

a. 改变过我的 K 平台 App 设置或个人隐私选项(比如不把我推荐给通讯录好友/不允许通过手机号找到我等)；

b. 在 App 上我知道如何屏蔽广告并采取了行动；

c. 对于不喜欢/不同意的内容,我会"点击不感兴趣反馈"；

d. 对于不喜欢/不同意的内容,我会"举报,投诉给 App 客服"；

e. 对于不喜欢/不同意的内容,我会退出 App；

---

6. 根据最近一个月，在 K 平台发现页看视频的情况，你对以下描述是否赞同（1 星代表非常不同意，5 星代表完全同意）

注：如果有某一条或多条描述，你无法进行评价，可不进行打分，本题分值（1~5）

本题选项：

（1）发现页的作品可以让我发现新的兴趣点，虽与过往兴趣不相似，但是让我满意

（2）在我感兴趣领域中，发现页的作品给我热门、及时、不落伍的感觉

（3）总体上，K 平台双列模式拓展兴趣的能力（能够激发出我新的兴趣点），令我满意

7. 你认为以下哪些 App 能够给你热门、及时、不落伍的感觉？

本题选项：

（1）D 平台

（2）微博

（3）腾讯

（4）优酷

（5）爱奇艺

（6）今日头条

（7）微信公众号

（8）微信朋友圈

（9）以上皆无

（10）其他，请补充

8. 根据最近一个月，在 K 平台发现页看视频的情况，你对以下描述是否赞同（1 星代表非常不同意，5 星代表完全同意）

注：如果有某一条或多条描述，你无法进行评价，可不进行打分，本题分值（1~5）

本题选项：

（1）发现页的作品内容没有土气、低端的感觉

（2）发现页的作品内容适合观看，没有让我感到不适（如恶心、血腥、恐怖等感受）

（3）发现页的视频内容讲述清晰

（4）发现页的视频剪辑用心

（5）发现页的视频配乐好听

（6）发现页的作品画质清晰

（7）我对发现页的作品的评论内容质量感到满意

9. 根据最近一个月，在 K 平台发现页看视频的情况，你对以下描述是否赞同（1 星代表非常不同意，5 星代表完全同意）

注：如果有某一条或多条描述，你无法进行评价，可不进行打分，本题分值（1~5）

本题选项：

（1）发现页的作品封面图（画质、图片内容）有吸引力，让我想点开看作品了解更多

（2）发现页的作品标题与内容一致，标题无虚假、夸张成分

（3）发现页的作品标题描述清晰、通顺，容易让我理解

（4）发现页的作品没有重复的、高度类似的、互相模仿的内容出现

10. 根据最近一个月，在 K 平台发现页看视频的情况，你对以下描述是否赞同（1 星代表非常不同意，5 星代表完全同意）

注：如果有某一条或多条描述，你无法进行评价，可不进行打分，本题分值（1~5）

本题选项：

（1）发现页的作品内容类型丰富、多样性强

（2）观看发现页的作品可以让我有所收获

（3）发现页的作品让我觉得有趣、愉悦、开心

（4）发现页的作品，让我有互动（点赞、评论、关注、收藏、转发等）的意愿

（5）发现页的作品，让我有进一步想连续看作者更多作品的意愿

（6）发现页的作品，让我看到某个感兴趣作品后，想要持续观看更多类似内容

11. 根据最近一个月，在 K 平台发现页看视频的情况，你对以下描述是否赞同（1 星代表非常不同意，5 星代表完全同意）

注：如果有某一条或多条描述，你无法进行评价，可不进行打分，本题分值（1~5）

本题选项：

（1）在发现页，我可以获取到其他短视频软件没有的内容

（2）发现页的作品权威、专业，让我感到可信、可靠

（3）发现页的作品内容有创意、别致、新鲜

（4）总体上，K 平台双列模式的视频内容（综合考虑质量、数量、吸引力、收获性等），令我满意

12. 你认为 K 平台发现页视频作品不够可信、可靠的原因有哪些？

本题选项：

（1）看到搬运、盗运他人视频的作品，不值得信赖

（2）很少看到官方号、认证大 V 发布的权威作品

（3）多看到普通人、素人发布的作品，缺乏考证

（4）作品内容夸张、做作，让我觉得不真实

（5）其他，请补充

13. 根据最近一个月，在 K 平台发现页看视频的情况，你对以下描述是否赞同（1 星代表非常不同意，5 星代表完全同意）

注：以下描述都是以 K 平台双列为例，本题分值（1~5）

本题选项：

（1）整体上（综合前面的各方面考虑），我对 K 平台双列模式下，发现页的视频感到满意

（2）当我想看短视频时，与其他软件相比，我更愿意先来 K 平台双列模式观看

（3）未来我愿意继续使用 K 平台双列模式进行观看

（4）我愿意将 K 平台双列模式推荐给他人（亲人/朋友/同事）进行观看

14. 你对 K 平台的发现页展示出来的作品还有哪些意见？欢迎告诉我们！_____

15. 你的性别：

本题选项：

（1）男

（2）女

16. 你的年龄：

本题选项：

（1）17 岁及以下

（2）18~23 岁

（3）24~30 岁

（4）31~40 岁

（5）41 岁及以上

17. 你的职业：

本题选项：

（1）政府/机关/公务员

（2）企业管理者（包括基层及中高层管理者）

（3）白领（办公室、写字楼工作人员）

（4）专业人员（如医生、律师、记者、老师等）

（5）普通工人（如工厂工人、体力劳动者等）

（6）商业服务业职工（如销售人员、商店职员、服务员等）

（7）个体经营者、承包商

（8）农林牧渔劳动者

（9）学生

（10）暂无固定职业

（11）其他

附录3 普通用户结构化访谈提纲

1. 你知道什么是算法吗？能否用自己的理解对算法进行描述？

2. 如果是这样的话，你对算法的认知是否影响了你对社交媒体的使用？

（1）例如，你是否试图改变你的 K 平台 App 设置或个人隐私选项？是，原因（ ）/否

（2）联系或阻止特定的人和来源？是，原因（ ）/否

（3）写下你做的任何操作（ ）。

3. 我知道，大多数 App，特别是 K 平台 App，都会使用算法过滤和整理我在 App 看到的内容：是/否/我不知道你在说什么

4. 在过去的一年里，我在 K 平台 App 上做过以下哪些操作（如果有的话）？

（1）由于用户或组织发布或共享的内容而添加、关注或成为朋友：是/否

（2）更改了设置，以便可以看到来自用户或组织的更多内容：是／否

（3）删除或阻止用户或组织，因为他们发布或共享了内容重复太多不想看了：是／否

（4）更改了我的设置，以便从用户或组织中看到较少的内容：是／否

5. 过去的一年里，我是如何应对广告的？

（1）App 上的广告是否对我产生打扰：是／否

（2）App 上的广告我是否点击、消费过？是／否

（3）在 App 上知道如何屏蔽广告或保护隐私的设置：是／否

6. 点击、喜欢、分享或评论我喜欢的内容，因为我想影响 App 如何显示他们的内容：是／否／我不知道你在说什么

7. 对于不喜欢／不同意的内容，我会采取措施应对："不做理会，滑走"／"点击不感兴趣反馈"／"举报，投诉给 App 客服"／退出 App

致　谢

　　迟迟不能下笔，为我 20 余载的求学生涯画上圆满的句号，有太多感触溢于言表。2010 年，我与社会学结缘至今，从懵懂无知到以志学为业，社会学对于我不仅仅是一门"显学"，更是让我有了思维方式的转变。足之所至，目之所见，心之所向。我可以在每一次田野中探寻社会运行的机理，穿行于生活日常，观察人性的复杂与良善，思索社会变迁的意义。感谢社会学助我成长，培养我独立思考的品质和更努力生活的底气。原来人生可以活得很通透，从理解社会最终学会理解自己、接纳自己。

　　在北大 7 年的学习时光转瞬即逝，回首过往，有太多博学的老师、优秀的同学鞭策我进步，谢谢有你们同游，让科研之路不再孤独。

　　首先，我要特别感谢我的导师刘能老师，一直以来对我的包容与支持，是刘老师的鼓励与点拨，给予我读博的勇气与动力。刘老师是非常有智慧的学者，每一次的沟通与交流，都能让我凌乱的思绪得到整理，不断捋顺学术研究的脉络，一针见血地穿透研究问题的本质。让我特别感动的是，刘老师能在我每一次情绪低落时，给予充分的关注与开导。璐璐深知是您在身后坚定的目光，让我有努力向前走的信心。

　　其次，我要感谢在我博士论文选题、调研与写作期间帮助我的老师和朋友们，特别是邱泽奇老师"阅读与讨论：互联网与社会变迁"课程给予的"历练"，奠定我博士论文研究更好的理论基础；感谢张权老师给予我课题调研的机会，能够深入田野展开参与观察，与 K 平台的小伙伴们深入交流，积累丰富的经验材料；感谢参加我开题、预答辩、匿名评审以及答辩委员会的各位老师们，是你们中肯的批评与建议，才会让我的论文修改、打磨得更加完善；感谢给予我写作意见的乔天宇师兄，因为有像你一样优秀的同伴，才不断激励我要扎实磨炼学术功底；感谢多年的挚友怡萱帮我联系受访者，感谢润润、越姐给予我情感的支持与鼓励，让我感受友情的珍贵。

同样，我感谢能门的兄弟姐妹们，每一次共同参加的读书会、一起做过的调研、一起聚餐玩耍的时刻，都将被我珍藏在心底，希望以后能常相聚，共进步，希望能门的力量更壮大！

最后，感谢我的家人：感谢我的父母对我学业无私的奉献与支持，感谢我的丈夫默默的付出承担更多的家庭责任，感谢我可爱的儿子健康成长，让妈妈集中精力努力科研。最后的最后，感谢自己，没有放弃自己，努力向阳，迎接新的征程。

赵 璐

2023 年 2 月 27 日于北京市社会科学院社会学研究所

图书在版编目（CIP）数据

社会博弈：算法世界的实践逻辑 / 赵璐著 . -- 北京：社会科学文献出版社，2024.4
ISBN 978-7-5228-1616-6

Ⅰ.①社…　Ⅱ.①赵…　Ⅲ.①算法-社会学-研究
Ⅳ.①O24-05

中国国家版本馆 CIP 数据核字（2023）第 058110 号

社会博弈：算法世界的实践逻辑

著　　者／赵　璐

出 版 人／冀祥德
责任编辑／张　媛
责任印制／王京美

出　　版／社会科学文献出版社·皮书分社（010）59367127
　　　　　地址：北京市北三环中路甲 29 号院华龙大厦　邮编：100029
　　　　　网址：www.ssap.com.cn
发　　行／社会科学文献出版社（010）59367028
印　　装／三河市尚艺印装有限公司

规　　格／开　本：787mm×1092mm　1/16
　　　　　印　张：15.25　字　数：223 千字
版　　次／2024 年 4 月第 1 版　2024 年 4 月第 1 次印刷
书　　号／ISBN 978-7-5228-1616-6
定　　价／89.00 元

读者服务电话：4008918866